식탁 위의 조연 같은
주인공 젓갈

식탁 위의 조연 같은 주인공 젓갈

발행일   2021년 10월 15일

지은이   강지영
펴낸이   손형국
펴낸곳   (주)북랩
편집인   선일영   편집   정두철, 배진용, 김현아, 박준, 장하영
디자인   이현수, 한수희, 김윤주, 허지혜   제작   박기성, 황동현, 구성우, 권태련
마케팅   김회란, 박진관
출판등록 2004. 12. 1(제2012-000051호)
주소   서울특별시 금천구 가산디지털 1로 168, 우림라이온스밸리 B동 B113~114호, C동 B101호
홈페이지 www.book.co.kr
전화번호 (02)2026-5777   팩스   (02)2026-5747

ISBN   979-11-6539-941-2 13590 (종이책)   979-11-6539-942-9 15590 (전자책)

(주)북랩 성공출판의 파트너

북랩 홈페이지와 패밀리 사이트에서 다양한 출판 솔루션을 만나 보세요!

홈페이지 book.co.kr   •   **블로그** blog.naver.com/essaybook   •   **출판문의** book@book.co.kr

작가 연락처 문의 ▸ ask.book.co.kr

작가 연락처는 개인정보이므로 북랩에서 알려드릴 수 없습니다.

강지영
지음

식탁 위의 조연 같은

주인공 젓갈

북랩 book Lab

루시드키친 CEO 강지영

　나는 배가 노란 황석어가 나오는 철에는 전화를 손에서 뗄 수가 없다. 배가 노란 알배기 황석어를 집에 들여다 놔야 맛을 내는 나만의 비법인 황석어젓과 황석어 액젓을 만들 수 있기 때문이다.

　황석어는 생선이라고 하기에는 너무 작고 볼품없지만 황석어를 '황새기'라고 말하시며 젓갈을 담고 젓갈을 담기에 조금 큰 황석어는 하지감자를 넣고 지져주시던 엄마에 대한 기억이 떠오른다.

　젓갈만큼 제철 음식을 현명하게 활용한 식품이 있을까.

　초봄 기름기가 빠진 꽁치로는 꽁치젓갈, 4~5월 통통하게 살이 오른 멸치로 멸치젓, 5월 중순경에는 알배기 황석어로 황석어젓, 아카시아가 필 무렵의 알배기 꽃게로는 간장게장, 음력 6월 통통한 새우로 육젓, 가을에 잡은 젓새우로 담근 추젓, 추운 겨울에는 싱싱한 자연산 굴을 삭혀서 고운 고춧가루로 버무려 어리굴젓을 담아서 우리의 식탁을 풍요롭게 만들었다.

매가리젓, 전어밤젓, 주둥치젓, 빙어젓, 진석화젓, 대구모젓 등 우리의 식탁에서 찾기 힘들고 특정 지역에 가서야 조금씩 명맥이 이어지는 현실이 너무 아쉽다.

아파트에서도 된장, 고추장 항아리처럼 젓갈 단지 몇 개씩은 놓고 우리의 밥상을 차리시던 엄마의 지혜가 그리워지는 요즘이다.

젓갈들을 배우고 싶어 참 많이 돌아다녔다. 그리고 젓갈도 우리 식탁의 조연이 아닌 주연으로 책에 싣고 싶었다. 하지만 유명한 젓갈 시장들에서 내가 찾는 젓갈은 찾을 수가 없었다. 우리가 명란젓, 오징어젓, 조개젓, 낙지젓 등의 젓갈들만 찾는 사이에 다양하던 젓갈들은 우리 곁을 떠나고 있다.

젓갈 소믈리에라는 말을 2006년부터 처음 쓰며 '1호 젓갈 소믈리에'로 불리기 시작했다. 와인의 소믈리에처럼 제대로 된 공정과 맛을 공부하며 붙여진 '젓갈 소믈리에'와 '젓갈 명인'이라는 자부심으로 직접 담근 젓갈로 김치를 담고 가르쳤다.

젓갈 공장들과의 협업도 수차례 해왔고 대학이나 지자체와의 협업도 했으며 방송도 열심히 했다.

그렇게 젓갈에 대해 공부하다 보니 젓갈이 가장 중요한 부분인 김치를 만들게 되고, HALAL인증을 받고 까다롭기로 유명한 미국

FDA기준을 통과한 '강지영 김치'를 만들어 수출하게 되었다.

'강지영 김치'는 3년을 저온숙성 발효시킨 제대로 만든 젓갈에서 시작한다.

젓갈을 어떻게 담그라는 것인가… 의아하게 생각하는 사람들이 생각보다 많다.

젓갈 담그기는 생각보다 참 쉽다. 싱싱한 제철 어패류에 깨끗한 천일염을 넣고 서늘한 온도에서 발효 숙성시키면 된다. 통통하게 살이 오른 자연산 굴에 소금을 넣고 일주일 정도 숙성시킨 후 고운 고춧가루로 버무려 어리굴젓을 만들고, 물가자미를 사다가 절이고 조밥 지어 양념과 버무려 가자미 식해를 만들고, 통통하게 살찐 생새우에 소금 넣어 새우젓 담고… 기다리면 된다.

젓갈이 숙성되기를 기다리며 많은 생각에 잠긴다.

변하는 음식처럼 우리의 삶도 너무 빠르게 변하는 것은 아닌지 살펴보게 된다.

젓갈이 우리 밥상의 조연이 아닌 주연으로 다시 활약하는 날을 기대해 본다.

음유 시인이자 건강한 발효음식 젓갈,
어울림의 미학과 과학으로 국민과 함께 가자!

농촌진흥청 국립원예특작과학원장 이지원

바다와 강, 소금, 발효, 재래시장, 슬로우 푸드…. 우리 국민의 손과 항아리 속에서 조용히 명맥을 이어가고 있는, 젓갈 하면 떠오르는 이미지들이다.

전라도 김제에서 나고 자란 나는 유년 시절 젓갈과 관련된 마음 따스한 추억이 있다. 어머니는 밥상 위에 배추속대와 함께 갈치속젓을 가끔 올려주셨는데, 그때 그 맛은 잊을 수가 없다. 지금은 가족들과 삼겹살을 먹을 때 갈치속젓을 고기나 쌈 위에 얹어 먹곤 한다. 또한, 낙지젓은 별다른 반찬이 필요 없는 젓갈이었다. 김이 모락모락 나는 하얀 쌀밥에 얹으면 그것으로 입안에 감칠맛이 가득 퍼지곤 했다. 젓갈 중에서 가장 대중적인 새우젓은 계란찜에 빠지지 않았다. 새우젓이 가진 특유의 기분 좋은 짠맛은 아직도 식욕을 자극한다. 이렇듯 젓갈은 음식의 주인공은 아니지만 조연으

로 다른 음식들과 너무나도 잘 어울리는 융합 효과가 높은 식재료
이다.

젓갈은 흉내 낼 수 없는 발효음식이며, 숙성을 위해서는 오랜 시
간이 걸리는 제철 음식이다. 신은 물을 만들었지만 인간은 와인을
만들었다는 말이 떠오른다.

최근 지인을 통해서 한국의 젓갈이 150여 종이나 된다는 사실을
알게 되었다. 더께기젓, 매가리젓, 박하기젓, 해삼 창자젓 등 참으
로 다양하고 생소한 젓갈 종류에 놀라우면서도, 한편 그 명맥이
사라지고 있다는 사실은 참 안타까웠다.

우리나라 채소 소비의 중심은 김치라고 말할 수 있는데, 김치에
더해진 젓갈은 분명 매력적이며 그 확장성은 무궁무진할 것으로
생각한다.

가장 한국적이며, 어찌 보면 문화재 같은 음유시인 젓갈!

최근 나와 9년여 나이 차이가 나는 동료후배가 루시드 폴이란
가수의 노래를 추천해서 들은 바 있다. 국민 생선 중 하나인 "고등
어"란 노래의 가사 중에 참으로 시적인, 국민들의 기쁨과 슬픔을
담은 부분이 있어 소개한다. "몇만 원이 넘는다는 서울의 꽃등심
보다 맛도 없고 비린지는 몰라도, 그래도 나는 안다네. 그동안 내
가 지켜온 수많은 가족들의 저녁 밥상. 나를 고를 때면 내 눈을 바

라봐줘요. 나는 눈을 감는 법도 몰라요. 가난한 그대 날 골라줘서 고마워요. 수고했어요. 오늘 이 하루도"

원예특용작물 연구를 통해 국민의 건강한 먹거리를 책임지는 리더로서 몇 가지를 제안하고자 한다. 젓갈의 숙성과 발효과정, 그리고 최종 결과물에 대한 과학적 데이터 마련이 필요하다고 생각한다. 또한 젓갈과 김치와 같은 최종산물에 대한 기능성 연구와 다양한 품목들과의 융합을 통해 우리 국민은 물론 방탄소년단처럼 세계인의 마음까지도 훔칠 수 있기를 마음속 깊이 응원해본다.

아울러, "세계인의 입맛 우리에게 맞추는 것"이란 강지영 대표님의 단단한 신조처럼, 젓갈이 어울림의 미학과 과학의 힘을 바탕으로 미래를 향해 더 힘찬 걸음을 내디딜 수 있길 기대한다.

썩음과 삭힘의 미학

중앙대학교 식품공학부 식품영양전공 교수 최창순

한국인의 식탁은 우리나라 각지에서 생산된 농작물에 따라 지역적 특성을 반영하며 발달해 왔다. 한식의 바탕을 이루는 발효음식은 역사와 지역을 달리하면서 그 종류가 매우 다양하게 발전해 왔으며, 특색이 있는 음식문화를 형성해 왔다. 그중에서도 젓갈은 한국인의 입맛을 사로잡는 매력이 있다.

저자 강지영 대표가 젓갈의 정의, 역사와 기원, 젓갈 담금과 영양학적 가치에 대하여 잘 정리하여 소개하였다. 특히, 젓갈 기행과 이야기는 한국의 다양한 젓갈을 맛보고 경험하는 길잡이가 되리라 생각한다. 문헌에 따르면 150여 종의 젓갈이 알려져 있으나, 일반인들에게는 새우젓, 멸치젓, 까나리젓, 오징어젓, 창난젓, 꼴뚜기젓, 낙지젓 등 몇몇 젓갈만이 익숙할 것이다. 수많은 종류의 젓갈 중에서 지역 특색이 짙은 젓갈인 매가리젓, 전어밤젓, 주둥치젓, 빙어젓, 진석화젓, 대구모젓 등은 이름마저 낯설고, 한국인의 식탁에서 사라져 가고 있음에 대한 저자의 아쉬움이 이 책을 쓰게 만든 원동력이 되었을 것이다.

'썩음과 삭힘의 미학'이라 불릴 정도로 젓갈이 전해 주는 풍미는 묘한 매력을 준다. 특히 양질의 지역특산물을 발효하면서 얻어진 특유의 맛과 향은 한국인의 중요한 식문화임은 분명하다. 최근 우리의 식문화가 빠른 속도로 서구화되면서, 전통 식품에 대한 선호도가 낮아지고 있음은 아쉬운 부분이다.

강지영 대표는 양질의 재료와 위생적인 생산공정으로 젓갈을 제조하고, 한식에서 젓갈의 위상을 높이기 위해 노력해왔다. 이러한 강지영 대표의 진심에 식품위생학을 공부하고 있는 본인이 이 책의 서평을 선뜻 수락하게 하였다. 수년 전 매스컴에서 일부 젓갈의 저품질, 안전성 논란은 소비자들에게 젓갈에 대한 부정적인 이미지를 심어준 치명적인 사건이 있었지만, 음식의 품질과 안전성은 양질의 재료에서부터 출발한다는 점은 다르지 않다.

이제부터 강지영 대표와 함께 제철 재료를 알아보고, 다양한 맛과 향의 매력이 숨겨져 있는 젓갈을 찾아 기행을 떠나보자.

민족의 자존심을 세우는 젓갈 연구

대전 창조경제혁신센터 센터장 김정수

  한 나라의 전통음식을 보면 그 나라의 역사와 문화, 지리적 환경까지를 알 수 있다고 한다. 누구도 우리 것임을 의심하지 않았던 전통음식 김치! 중국은 지난해 11월부터 중국은 지난해부터 김치가 중국 전통음식 파오차이를 훔쳐 이름만 바꾼 것이라 자신들의 매체를 통해 주장하기 시작했다.

  참 어이없는 주장이나, 동북아의 문화와 역사를 모르는 외국인들 입장에서는 서로 나름 근거 있는 논쟁을 벌이고 있는 것으로 생각할 수 있다는 점에서 끔찍한 일이다.

  독도 문제도 그렇다고 본다. 왜 말도 안 되는 주장을 이렇게 끊임없이 없이 하는 걸까? 독도 문제 초기대응에서 어떤 이유에서인지 무시하는 태도를 견지했던 것으로 알고 있다. 이제야 찾아내고 있는 역사의 증거를 더 일찍 찾아내고 정리해서 적극적으로 대외에 주장했으면 어땠을까?

우리의 전통음식은 세계 어느 나라의 것보다 다양하고 정갈하며 영상과 맛도 뛰어나다. 전통음식은 누구에게도 양보할 수 없는 우리 자신이다.

일본의 스시문화를 자신의 문화라고 주장하는 나라는 없는 것으로 알고 있다. 이는 전통문화를 고수하려는 일본인들의 끊임없는 노력이 만들어 낸 것이다. 이런 의미에서 강지영 대표의 젓갈 연구는 단순히 특정음식에 대한 관심이라고 보아서는 안 될 것이다. 역사와 전통에 대한 연구이며 우리의 전통문화 자긍심을 높이고 민족의 자존심을 세우는 중요한 기초를 닦는 의미가 큰 작업이라 보는 것이 옳을 것이다.

젓갈의 역사와 유래에서부터 일반인들은 잘 들어보지도 못한 수많은 종류의 젓갈까지! 애정 어린, 심도 깊은 연구는 전통문화와 뿌리에 대한 중요한 증거로 남을 것이다.

스타트업이 우리 경제의 미래라 하면 강지영 대표의 연구는 우리 문화의 미래라 할 것이다. 소중한 연구를 많은 분에게 나누어주시는 강지영 대표님께 감사드리며 앞으로 전통문화에 보존에 대한 더 큰 역할을 기대해 본다.

젓갈을 찾아 떠나는 여행 안내서

KBS 프로듀서, 前 편성마케팅국장 이영준

강지영. 그녀의 트레이드마크는 독함이다. 그렇다. 일이건 운동이건 일단 시작하면 끝을 보는 사람이다. 그 독한 여인이 이번에는 젓갈에 빠져 한없이 자상하고 부드러운 여인으로 돌아왔다. 강지영 김치의 글로벌한 성공으로 이미 장인의 반열에 오른 저자가 김치와 떼려야 뗄 수 없는 숙명의 벗 젓갈을 어찌 그냥 지나칠 수 있으랴···

혹시나 이 책을 젓갈에 대한 팔자 좋은 감상이나 에세이 정도로 생각하면 천만의 말씀 만만의 콩떡이다. 아예 젓갈의 역사부터 지정학적 분석, 종류별 부위별로 영양학, 방법론 등 현미경 같은 분석을 입힌 그야말로 젓갈학 백과사전이 탄생했다. 벌써부터 한편의 멋진 고품격 다큐멘터리와의 콜라보가 떠오른다면 과장일까. 1호 젓갈 소믈리에 강지영 대표의 열정을 알고 있는 나로서도 기분 좋게 책을 집어 들고 젓갈여행을 떠나려는 맘에 벌써부터 설렌다.

한국적 맛과 향과 발효와 숙성,
그 비밀의 문을 열다!

와인소풍 대표, 前 와인나라 대표 이철형

1987년 주류 수입 면허를 민간에게 개방할 때 와인 수입업에 진출하여 10여 년을 키워온 친구들 덕분에 여전히 와인 문화 불모지나 다름없던 2000년에 와인 소매업에 뛰어들며 와인 사업을 향과 맛의 산업이라고 나름 정리하였다.

식품인데 유통기한이 없는 상품이라니…. 시간이 흐르면서 맛과 향이 진화하여 최고의 맛과 향을 자랑하는 시기가 있고 그 시기가 지나면 맛과 향은 최고점만은 못하지만 그래도 마셔도 건강에 해가 되지 않는 음식이 있다는 것이 신기했다. 상미기간은 있으나 유통기한은 없는 식품은 아마도 식품을 다루는 모든 이들에게 꿈의 상품이다.

여기에 인류의 역사가 담겨있고 여기에 인류의 지혜와 에피소드가 담겨있다. 인간 생존의 필수요소인 의식주(衣食住) 중에서도 구석기시대 훨씬 이전부터 식(食)은 가장 중요했다. 먹지 못하면 생명이 유지되지 않으니까.

그리고 매일 사냥이 성공하는 것도 아니고 기후 조건이 매일 열매를 따 먹게 해주는 것도 아니니 식품을 상하지 않게 보존하는 것이 최대 관건이었을 것이다. 이렇게 보면 인류 역사는 식품의 장기 보존과의 전쟁이었다고도 볼 수 있다.

20년 넘게 와인 문화 보급에만 몸담은 사람에게 저자로부터 젓갈에 관한 책의 서평 의뢰가 왔을 때 와인 세계로 초대받던 2000년의 봄이 떠올랐다.

'난 와인을 하나도 모르는데'라는 두려움도 있었으나 '사업의 원리와 원칙은 어느 사업이나 유사할 테니 와인에 관한 전문 지식은 친구들에게 배우며 따라가 보자'라는 마음으로 그리고 덤으로 향과 맛을 즐기다 보면 감각과 감성의 노화도 더디게 진행시킬 수 있을 것 같다는 사심도 작용하여 겁 없이 뛰어들었던 그때가….

바닷가에 가면 어시장에 들러 젓갈 코너에서 이것저것 그 지역의 특산 젓갈을 맛보는 것이 와인업계에 들어와서 생긴 습관 중의 하나이기도 하다. 와인업에 종사하면서부터 미식의 세계에도 입문하게 되었기에 젓갈과 어울리는 와인을 찾는 극한의 직업의식이 작용하는 탓이다.

사실 젓갈은 인류의 식품 보존의 지혜가 고스란히 담겨있는 식품이고 와인처럼 장기 보관은 물론 시간의 흐름에 따라 맛과 향이 조금씩 변화하고 진화하는 식품이다.

발효와 부패의 차이는 사람이 먹을 수 있는, 그것도 기분 좋은 향과 맛을 주면서 동시에 사람의 생명 유지와 건강에 해롭지 않은지의 여부 아니겠는가?

와인과 젓갈의 공통점은 발효와 숙성이다. 넓은 의미로 보면 와인은 곡물과 과일을 발효시켜 만든 알코올음료여서 그 원재료가 다양하고 원재료 이름을 앞에 붙여서 OOO와인이라고 부른다. 젓갈도 그 원재료가 다양하고 그 원재료의 명을 어두에 붙여서 OOO젓갈이라 부른다. 재료의 다양성에도 공통점이 있다는 것이다.

공통점이 또 하나 더 있다. 젓갈이 주로 밥 같은 주식과 함께 먹어야 하는 반찬이듯이 와인도 음식과 함께 먹는 반찬이라는 것이다. 그래서 주식(主食)과의 궁합이 중요하다. 상대를 돋구어주면서 자신도 빛나는 존재들이다. 식사에서 단순한 조연이 아니고 때로 주연으로도 등장하는 것이 젓갈과 와인이 아닌가 생각한다.

어릴 때는 같은 동네에서도 집마다 김치와 가양주의 맛이 달랐다. 그중에서도 유독 늘 맛있는 김치와 막걸리를 만드는 것으로 소문난 집이 있었다.

와인업계에 들어와 맛과 향의 세계에 눈을 뜨면서 그 사라져가는 장인들의 솜씨를 누군가 모아서 정리해서 기록으로 남겨주면 좋겠다라는 생각을 평소에 가지고 있었다.

그러면서도 전국 방방곡곡 발품을 팔아야 하는 그 어려운 일을 국가나 할 수 있는 일이지 어느 개인이 할 수 있는 일은 아닐 거라고도 생각했다.

그런데 어느 날 바로 그 일을 해낸 주인공을 만난 것이다. 이 책의 저자 강지영 루시드 키친 대표였다. 요리 연구가였던 그녀가 어느 날 김치를 연구하고 만들어 세계화하기 시작한 것이다.

이젠 거기서 한 걸음 더 깊이 들어갔다. 젓갈이라고 다 같은 젓갈이 아니라는 건 아는 사람은 안다. 와인이라고 다 같은 와인이 아니듯이. 원재료 자체도 지역마다 다르지만 같은 원재료를 가지고도 지역과 만드는 사람에 따라 다양하게 달라진다. 그 다양한 것들을 일일이 지역별로 찾아다니며 장인들을 찾아내고 그 조리법을 정리한다는 것이 결코 쉬운 작업일 수가 없다.

그 어려운 일을 김치에 이어, 어떤 김치에는 꼭 필요한 젓갈이기에 천착(穿鑿)하여 정리해온 저자에게 존경하는 마음을 품지 않을 수가 없다. 누구나 필요한 일이라고 생각은 하지만 여러 가지 이유로 해내지 못하기에 실제로 그걸 해낸 사람을 우리는 선구자라고

칭찬하며 우러러본다.

이 젓갈에 관한 저자의 선구자적 책이 밑거름이 되어 더 많은 젓갈에 대한 연구가 이루어지고 제대로 된 젓갈 박물관까지 탄생하기를 기대해본다.

발효와 숙성은 과학이고 관능의 미학이다. 기회가 된다면 다음 속편에서는 젓갈 그리고 젓갈이 들어간 음식에 어울리는 와인을 함께 찾아보고 싶다. 숨겨진 전통의 비법도 계승되고 세상에 드러날 때 의미가 있는 법이고 지식과 지혜는 공유할 때 더욱 빛나는 법이다.

저자는 그 빛나는 문을 열어젖혔다!

CONTENTS

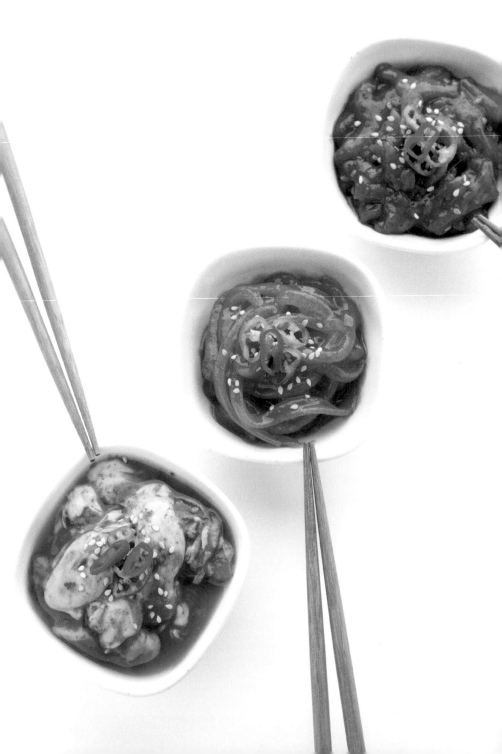

PART
1

젓갈이란?

젓갈은 우리나라를 비롯한 동남아 여러 나라에서 고대로부터 전해 내려온 수산 발효식품이다. 생선이나 조개류는 영양적으로 우수한 식품으로 널리 이용되고 있으나 매우 부패하기 쉬워 저장이 힘들다는 문제점을 가지고 있다. 젓갈류는 이러한 생선이나 조개류를 저장하기 위해 소금에 절인 발효식품이다.

어패류의 살, 내장, 알을 다량의 소금에 절여 일정 기간 발효시켜 만든 대표적인 수산 발효식품으로 넓은 의미에서 식해와 액젓(어간장)을 포함하고 있다.

젓갈은 발효과정에서 어육이 미생물에 의해 분해되어 소화흡수가 잘 되고, 단백질이 아미노산으로 분해되어 고유한 감칠맛과 독특한 풍미를 지니게 되며, 비타민 B1·B2·칼슘 등이 풍부하다.

우리나라는 『삼국사기(三國史記)』에 젓갈의 한 종류인 '해(醢)'가 기록되어 있어 오래전부터 젓갈을 먹어왔음을 알 수 있다.

주로 밥과 함께 반찬으로 먹거나 음식의 간을 할 때 젓갈로 감칠맛을 내었다. 특히 우리 식탁에서 빠질 수 없는 김치를 담글 때 다양한 젓갈이 많이 쓰이고 있다.

토하젓 발효 과정 확인

식탁의 조연 같은 주인공

예부터 농경문화가 발달한 우리나라는 농·수산 자원이 풍부했다. 그런 풍부한 식재료를 바탕으로 우리 조상들은 오래전부터 자연환경에 알맞은 다양한 전통 발효식품을 만들어 왔다.

이런 발효식품은 현재 우리의 식생활에서 중요한 자리를 차지하고 있는데 그중 하나가 젓갈이다.

예전에는 2~3가지 정도의 젓갈은 일반적으로 상에 올라왔고, 특정 요리와 궁합이 맞는 젓갈이 있어서 상에서 빠질 수 없는 음식이 젓갈이었다.

요즘은 젓갈이 있어도 그만, 없어도 그만인 반찬으로 인식되지만, 조미료를 사용하지 않았던 예전에는 김치를 담그거나 국의 간을 하거나 반찬의 풍미를 더하는 식품으로 우리 식생활에 중요한 부분이었다.

세계의 유명한 영양학자들은 단백질 분해작용이나 무기질, 비타민이 풍부한 뛰어난 식품으로 손꼽고 있다. 이제는 예전의 명성을 되찾아 당당히 주연으로서 관심받을 자격이 충분한 발효의 맛 젓 갈이다.

02

젓갈이란 무엇인가?

젓갈은 새우, 조기, 멸치 등 생선의 살, 알, 창자 따위를 소금에 절여 맛을 들인 수산 발효식품을 일컫는 말이다. 예전에 젓갈은 젓을 담근 그릇을 뜻했는데, 이제는 젓과 같은 의미로 쓰인다.

젓갈은 사실 그 종류가 매우 다양하다. 삼면이 바다인 우리나라는 지역적 특성 때문에 지방과 계절이 따라 다양한 종류의 젓갈들이 생겨났다. 젓갈은 소화흡수가 잘되고 양질의 단백질과 칼슘, 지방질, 무기질 등의 영양분이 풍부한 건강식품이다. 젓갈류는 특성이나 용도에 있어 장류에 비유할 수 있는데, 그런 이유로 어장이라고도 부른다.

이 두 가지 장은 단백질 원료를 소금으로 가수분해시켜서 저장성이 우수하고 영양가와 향미를 뛰어나며, 원료와 소금만을 필요로 하는 값싼 제조공정으로 다른 가공식품과 비교할 때 손쉽게 만들 수 있다는 장점이 있다.

젓갈류는 발효과정에서 생선이나 조개류 조직 내에서 효소와 세균의 작용이 일어나고, 특히 칼슘 함량이 높으며 알칼리성 식품이기 때문에 체액을 중화시키는 중요한 역할을 한다. 단백질의 분해와 향미 성분의 생합성이 이루어짐으로 원재료와는 완벽하게 다른 새로운 맛을 만들어내게 되는 것이다.

어리굴젓을 만들기 위해 굴을 손질하는 과정

03

젓갈의 발효원리

원초적인 맛을 일으키는 소금이 고전적인 맛이라면 소스들은 근대의 맛이다.

발효는 유기물이 미생물에 의해 변화하는 현상을 말한다. 더 정확히 말하면 물질이 미생물에 의해 산소가 없는 조건에서 분해되는 현상이다. 예로부터 주류, 빵류, 식초, 콩발효식품, 발효유제품, 소금절임류 등에 발효의 원리가 이용되었다. 이렇듯 미생물의 종류와 식품의 재료에 따라서 발효식품의 종류는 다양한데, 그것들은 각기 독특한 특징과 풍미를 지닌다.

젓갈 역시 스스로 맛을 내는 수산 발효식품이다. 젓갈 발효의 가장 큰 특징은 수산물을 적당한 소금에 절인 후 발효시키는 데 있다. 젓갈은 초기에는 주로 자기 소화효소에 의해 발효되고, 후기에는 세균(또는 효모)에 의해 숙성된다. 젓갈에는 여러 종류의 세균이 들어있다. 이들은 원료에 부착되어 있거나 염분에 함유되어 있다가 선택적으로 증식된다. 잘 숙성된 젓갈은 단백질이 아미노산과 핵산으로 분해되어 독특한 맛과 향기를 낸다.

04

염장법이란 무엇인가?

농경사회가 시작된 후 식품의 보존은 인류의 생존을 위한 숙젯거리였다. 인간은 오랜 세월에 걸쳐 시행착오를 거듭하면서 결국 식품을 보존할 수 있는 다양한 방법들을 찾아내었다.

날씨가 따뜻하거나 건조한 지역에서는 말리거나 훈제하는 방법으로 식품을 저장하고 추운 지방에서는 얼려서 저장하는 방법을 썼다.

한편 오랫동안 음식을 저장하고 발효시키기 위해 소금을 사용했는데, 이것이 바로 염장법이다. 염장법은 식품에 소금을 첨가하여 부패를 방지하는 동시에 맛을 돋운다.

소금 자체가 방부력을 가지고 있는 것은 아니다. 소금은 다만 식품에 함유되어 있는 수분에 세균이 침투할 수 없게 하고 삼투압에 의한 원형질 분리로 미생물이 세포를 변형시키는 기능을 한다. 그렇게 함으로써 식품이 썩는 것을 막아준다. 또한 소금은 식품의 세포를 위축시켜 수분이 식품으로부터 빠져나가게 함으로써 식품의 저장성을 높인다.

염장법에는 식품에 소금을 뿌리는 살염법과 식품을 소금물에 담그는 염수법이 있다. 보통 살염법에서는 식품 무게의 10~15%의 소금을 사용하며 염수법에서는 20~25%의 소금을 사용한다.

05

젓갈에 사용되는 소금

손질한 가자미에 뿌리는 소금

젓갈은 깨끗한 소금으로 담그는 것이 좋다. 소금에 관해 다년간 연구한 민속사학자인 유승훈 박사는 우리나라의 전통 소금은 바닷물을 끓여서 만드는 '자염(煮鹽)'이라 밝혔다. 구덩이에 바닷물을 모아 진흙이나 무쇠 가마에 넣고 졸여 소금을 만드는데, 물을 끓이기 위해선 많은 연료가 필요해 소금이 귀한 대접을 받았다.

천일염이 우리나라 고유의 전통 방식이 아니며, 한국에 들어온 지 100여 년밖에 되지 않았다는 사실은 천일염 관계자들도 인정하는 부분이다. 일제강점기인 1908년 한 일본인이 대만식 염전을 인천으로 들여오면서 비로소 국내에서 천일염 생산이 시작됐다. 천일염은 햇볕으로 바닷물의 증발시켜 만든 소금을 말한다. 염전에서 만들어진 하얀 소금이 천일염이다. 3년 이상 천일염을 저장하여 간수(소금이 습기에 녹아 저절로 흐르는 물)를 뺀 소금으로 담근 젓갈은 뒷맛이 씁쓸하지 않다.

소금에서 간수가 빠지는 이유는 소금이 공기 중 수분에 의해 스스로 녹는 성질인 '조해성(潮解性)'을 가지고 있기 때문이다. 이 조해성은 염화나트륨(소금)만 갖고 있는 것이 아니어서, 간수를 빼는 숙성 과정에서 염화칼륨, 황산마그네슘 등 다양한 미네랄이 빠져나온다.

결국 간수를 충분히 빼고 나면 천일염 전체 성분의 대부분을 차지하고 있던 염화나트륨만이 남게 된다. 천일염의 장점으로 꼽는 것이 풍부한 미네랄인데 먹기 좋은 소금으로 숙성시키는 과정에서 미네랄이 다 빠져나가 사실 잘 숙성시킨 소금은 성분이 재제염, 정제염과 다르지 않다.

반면 중국산 젓갈은 천일염을 사용하지 않고 땅속에서 캐낸 암염(바위 소금)을 사용하여 담그기 때문에 쓴맛이 난다. 또 중국산은 보관 시 하얀 암염가루가 가라앉는 특징이 있다.

염도가 높은 수입염을 사용할 때보다 국산 천일염을 사용하는 경우에 유기산과 이산화탄소가 월등히 많이 젓갈 맛이 좋다.

06

소금의 역할

소금의 역할은 단지 방부작용에 그치지 않는다. 소금이 내는 짠맛은 사람의 미각을 돋우는 데 가장 중요한 역할을 한다. 우리가 찌개를 끓이거나 김치를 담글 때 마지막으로 확인하는 것이 간을 보는 것이다. 즉, 소금이 적절히 들어갔는지 시식해 보는 것인데, 그만큼 소금은 식품이 가지고 있는 맛을 한층 더 돋우는 구실을 한다. 어느 정도의 염도가 적당한가는 음식의 종류에 따라 다른데, 국이나 찌개류인 경우에는 보통 1~2%의 염도가 적당하다. 그러나 짜고 싱거움에는 어떤 객관적 표준이 있는 것이 아니다. 민족이나 개인의 생리적 요구, 곧 혈액의 염분농도가 이를 좌우한다. 혈액의 염분농도가 낮은 사람이 간을 맞춘 음식은 짜고, 반대의 경우는 싱겁다. 화가 났을 때, 신경을 썼을 때, 노심초사했을 때 혈중 염분농도는 저하된다. 그런 사람이 만든 음식은 짤 수밖에 없다.

소금은 짠맛을 내기만 하는가? 그렇지 않다. 소금은 신맛을 더

시게 하는가 하면 신맛이 너무 강할 경우에는 부드럽게 하는 중화 작용을 한다. 또 단맛에 대해서는 단맛을 더 강화시키는 작용을 한다. 설탕량에 대한 소금양이 0.2%일 때 단맛이 최고가 되는데, 이런 원리를 이용한 것이 바로 우리가 동짓날에 먹는 단팥죽이다. 소금은 단백질을 응고시키는 작용도 한다. 생선을 구울 때 소금을 뿌리면 살이 단단해져 덜 탄다.

PART

2

젓갈의 기원

젓갈은 어떻게 생겨났을까?

젓갈이 어떻게 해서 우리 식생활 속에 등장하게 되었는지에 관한 정확한 기록은 없다. 학자들은 베트남, 태국, 인도네시아 등 비교적 더운 나라에서 젓갈이 처음 만들어진 것으로 추정한다. 일 년 내내 기온이 높은 이들 나라에서는 음식의 저장이 큰 골칫거리였다.

수렵이나 채취를 통해 획득한 음식물 중 남는 것은 더운 날씨 때문에 쉽게 부패되어 그냥 버릴 수밖에 없었다. 그런데 그렇게 버린 음식물들이 자연 상태에서 발효되면서 또 다른 풍미와 맛을 지닌 음식물로 바뀐다는 사실이 우연히 발견되었고, 이것이 인류가 젓갈이라는 발효식품을 만들게 된 유래가 되었다.

오랜 시간 동안 수많은 시행착오를 거친 후에야 비로소 젓갈이라는 새로운 발효식품을 만들어낼 수 있었는데, 농업이 주업이었던 지역에서는 콩을 발효시킨 장류와 발효식품이 발달하게 되고 수산물이 채취가 주업이던 해안지방에서는 젓갈 발효식품이 발달하게 되었다.

우리 민족은 언제부터 젓갈을 먹었을까?

우리나라는 삼면이 바다에 면하고 연해에는 한류와 난류가 교차하므로 어패류의 자원이 풍부하고 다양하다. 이와 같은 자연 배경이 있으므로 농경을 시작하기 이전에는 조개류나 물고기가 기본 식량의 구실을 하였다. 물고기를 많이 잡았을 때는 소금에 절여 저장하였을 것이며 이것이 지금의 젓갈로 계승되었다.

중국의 농업종합서인 『제민요술』에는 소금만을 사용하는 '축이'라는 제조법이 소개되어 있다. 이 책은 한무제가 동이족을 쫓아 산둥반도에 이르니 좋은 냄새가 나서 찾아보았는데, 어부들이 항아리 속에 생선 내장으로 만든 어장을 넣고 흙으로 덮어두었다가 향기가 생기면 조미료로 먹었다고 기록하고 있다. 동이를 쫓아서 얻었기 때문에 '축이'라고 표기한 것인데, 그 동이족이 우리 선조를 말하고 있다는 추측이 가능하다. 이런 기록에 의하면 소금으로 담그는 젓갈은 우리나라가 중국보다 앞선 것으로 볼 수 있다.

젓갈에 관한 우리나라 최초의 기록은 『삼국사기』 신문왕조에서 볼 수 있다. 신라 신문왕이 왕비 김씨를 맞이할 때의 폐백 품목에 쌀·술·기름·꿀·장·메주·포와 함께 젓갈이 들어있다. 이것은 젓갈이 이미 그 당시에 주요한 기본 식품이었음을 뜻한다.

고려와 조선 시대의 젓갈

조공 무역품이었던 홍합젓

고려 시대에 들어오면서 젓갈은 매우 보편적인 우리의 음식이 되었다. 『고려도경』에는 "신분이 귀천을 가리지 않고 상용하던 음식이 젓갈"이라고 기록되어 있다. 제조법이 발달함으로써 궁중뿐만 아니라 일반 민가에서도 젓갈을 먹기 시작했다는 점을 보여준다.

조선 시대에 오면 젓갈은 고려 시대보다 널리 보급되기에 이른다. 해안지방의 젓갈이 보부상들에 의해 전국 각지로 유통되었다. 거의 모든 어종이 젓갈의 원료로 사용되어 젓갈의 종류가 무려

150종에 달했다.

생합(대합)젓, 잉어젓, 토하젓, 석수어(조기)젓, 홍합젓, 가자미젓, 밴댕이젓, 석화(어리굴)젓 등은 명나라 조공 무역품으로 사용될 정도로 중요한 수출품이기도 하였다. 조선 시대의 젓갈은 소금만을 사용하는 방법으로 만들어진 것들이 가장 많았는데 새우젓, 조개젓, 굴젓 등이 대표적이었다.

또한 고려 시대부터 등장한 식해류도 먹었으며, 굴젓의 액즙만을 달여 굴젓국을 만들어 이것을 조미료로 사용했다는 기록도 있다. 이것으로 보아 조선 시대에 이미 생선 간장을 먹었음을 알 수 있다.

조선 시대의 젓갈 담그는 법은 소금에 절인 것을 제외하면 소금과 술, 기름과 산초, 소금과 누룩, 소금·엿기름·찹쌀밥 등을 섞어서 담근 것 등 크게 넷으로 나눌 수 있다.

조선 시대에는 젓갈의 종류가 현재보다 다양하였다. 젓갈을 담글 때 술이나 누룩을 이용하는 경우가 많은 것으로 미루어 젓갈은 주조법(酒造法)에서 연유한 것으로 추측된다.

하지만 소금·누룩가루·산초·파·술을 버무린 데에다 생선을 넣어 담그는 주국어법(酒麴魚法)이 없어진 것은 좋은 양조주의 부족도 한 요인이겠다.

조선 시대 후기에 가장 많이 잡힌 어종은 명태, 조기, 청어, 멸치, 새우이다. 이렇게 많이 잡힌 어류는 건조시키거나 젓갈로 만들어서 전국에 널리 유통·보급하였다. 이러한 어패류의 젓갈은 유류(乳類)가 귀하였던 우리 음식에서 칼슘을 보급하는 식품이었다.

고춧가루와 젓갈

조상들의 젓갈과 오늘날 우리가 먹는 젓갈의 가장 큰 차이는 고춧가루의 사용여부이다.

고추가 매운 것은 캡사이신(capsaicin)이라는 성분 때문이다. 캡사이신은 고추씨에 가장 많으며 나머지는 껍질에 있다. 고춧가루의 캡사이신은 식욕을 촉진하기도 하지만 젓갈에 들어있는 지방이 산패하는 것을 막아주는 중요한 역할을 한다.

그래서 젓갈에 고춧가루를 첨가하면 비린내를 효과적으로 없앨 수 있다. 고춧가루가 우리나라에 들어온 시기는 임진왜란 이후인 것으로 알려져 있으므로 1592년 이전의 젓갈에선 고춧가루를 전혀 찾아볼 수 없었을 것이다. 따라서 조상들의 젓갈과 현대 젓갈의 가장 큰 차이는 젓갈을 만들 때 고춧가루를 포함한 양념류의 첨가 여부에 있다고 할 수 있다.

젓갈 담그는 시기

겨울에 담그는 명란젓

젓갈은 사시사철 어느 때나 입맛을 돋우는 기본 반찬 역을 톡톡히 하지만 계절에 어울리는 젓갈을 준비하면 그 맛을 더욱 풍부하게 즐길 수 있다.

3~4월에 담그면 맛있는 젓갈로는 밴댕이젓, 조기젓, 꼴뚜기젓 등이 있다. 생김새는 전어와 비슷하고 맛은 은어와 비슷한 밴댕이는 살이 많은 3~4월에 주로 담그며 평북과 전남지방에서는 김장철에 멸치젓 대신 이용한다. 조기젓은 늦은 봄에 담가 두었다가 10월경

부터 먹기 시작한다. 먹을 때마다 잘게 썰어 갖은 양념을 하여 무쳐 먹거나 살짝 쪄 먹는다.

5~6월에 담그면 맛있는 젓갈은 조개젓, 황석어젓 등이다. 조개젓은 조개가 싱싱하고 한창 값이 쌀 때인 초여름에 담그는 것이 가장 맛있다. 한꺼번에 담가놓고 푹 삭혔다가 먹을 때마다 조금씩 꺼내 양념하여 밥반찬으로 먹는다. 여름에는 음력 5월에 오젓(새우젓)을, 음력 6월에 육젓(새우젓)을 담근다. 초여름에 담근 황석어젓 역시 겨울에 맛있는 밑반찬이 되는데, 김장용으로도 많이 쓰인다. 오징어젓은 많이 잡히는 6~8월에 담그는 것이 좋다. 10~11월에 담그면 맛있는 젓갈은 추젓(새우젓), 대구모젓, 어리굴젓 등이다. 대구모젓은 대구 아가미와 대구알을 소금에 절여 익힌 뒤 다진 파, 마늘, 생강, 고춧가루, 통깨를 넣고 양념한 것으로 짭짤하면서도 담백한 맛이 식욕을 돋워준다. 10월경에 담가 가을과 겨울 밑반찬으로 활용한다. 겨울에는 가자미젓, 명란젓, 창난젓, 비웃젓(청어젓), 뱅어젓, 대구알젓, 대구모젓, 동태젓, 오징어젓, 동백하젓(새우젓) 등을 담근다.

PART

3

젓갈 담그는 방법

소금만으로 만든 젓갈

보리새우육젓

　가장 일반적인 방법으로 대부분의 어류, 패류, 갑각류 중 새우류, 어류의 내장 젓갈 등은 소금만 사용하여 숙성 발효시킨다.

간장으로 만드는 젓갈

게장

    게젓을 만드는 데 사용하는 방법으로 끓여서 식힌 간장이나 소금물에 게를 담가서 숙성 발효시킨다. 중부, 이북 지방에서는 맛이 좋은 꽃게나 참게를 소금물로 게젓을 만들며, 중부이남 지역에서는 대부분의 끓여 식힌 간장이나 생강이나 마늘 등의 향신료를 가한 간장에 게를 넣어 숙성 발효시켜서 만든다.

소금과 고춧가루로 만드는 젓갈

어리굴젓

일부 지방에서 쓰는 제조방법으로 어패류에 소금과 고춧가루 또는 고춧가루와 파, 마늘 등의 향신료를 혼합하여 젓갈을 담근다. 대구젓, 명태젓, 방어젓, 도루묵젓, 오징어젓, 볼락젓, 갈치젓, 농발게젓, 방게젓, 어리굴젓 등이 이 방법으로 제조한다.

기타 방법으로 만드는 젓갈

전라북도 부안군 일대에서는 소금과 메줏가루로 등피리젓, 조기 젓을 만들며, 전남 지역에서는 민물 새우젓을 만들 때 소금과 익 힌 곡식, 향신료 등을 넣는다.

관서 해안지방에서는 참게 및 꽃게젓을 만들기 위해 소금물을 이용하고 있다.

PART

4

젓갈의 영양학적 우수성

16

젓갈의 영양소

젓갈은 수산 발효식품으로, 어패류의 육질이 분해되어 연하게 되면서 효소에 의한 숙성을 통해 만들어지며 그 가운데 감칠맛이 나는 국물이 함께 생성된다. 젓갈의 제조에서 발효 숙성 공정은 수분과 단백질 함량이 높은 어패류의 부패 변질을 억제하기도 하면서, 일정 기간 동안의 염장 저장을 통한 발생되는 효소작용과 미생물의 작용으로 어패류의 고유한 비린내가 제거되고, 감칠맛도 나게 되는 것이다. 젓갈의 숙성에 가장 관계가 깊은 효소는 프로타아제 효소이다.

젓갈은 어패류에 소금을 첨가하여 자가 소화 시킨 것으로 단백질이 분해되어 펩톤, 펩타이드, 유리아미노산 등이 생성되고 당질, 지질, 유기산 등이 적당히 분해되면서 독특하고 진한 감칠맛과 독특한 향을 낸다. 단백질이 분해되면서 생성되는 펩타이드와 아미노산은 소화흡수가 잘 되도록 도움을 준다.

  발효 숙성 과정을 통해 어패류의 뼈나 껍질이 연해지면서 칼의 섭취도 도와준다. 또한 젓갈은 칼슘화된 알칼리성 식품으로 체액을 중화시키는 역할도 하고 있다.

17

영양학적 우수성

우리나라 젓갈은 이미 1986년 유엔 대학에서 세계 최고의 발효 식품으로 인정받아 그 우수성을 세계에 널리 알렸다. 유엔 대학의 연구 보고서에 의하면, 우리나라 가자미식해를 15일 발효시킨 후에 먹으면 가장 높은 영양가를 섭취할 수 있다는 사실을 발표했다. 식해의 영양소는 유산균과 효모 단백질 분해균 등의 여러 수치에서 서양의 치즈류보다 월등히 뛰어난 것으로 연구 결과 나타났다.

세계 영양학자들은 한국의 젓갈이 여러 면에서 뛰어난 식품임을 인정했다. 단백질 분해작용, 풍부한 유산균 비타민 무기질, 특유한 발효의 맛 등이 탁월하다는 것이다.

함유된 소금의 농도를 낮출 수 있다면 국제 식품으로 널리 보급될 수 있을 것이라 발표했다.

소금이 제1의 원초적 맛이며, 문명의 발달로 생긴 각종 소스는 제2의 맛이다. 미래학자 토플러는 "이제 세상은 제3의 맛 시대로 옮겨가고 있다."라고 했으며, 제3의 맛인 발효 맛은 우리에게는 오래전부터 익숙하다. 제2의 맛이 소스를 첨가해서 만들어 내는 맛이라면 제3의 맛은 식품 자체에서 자연스럽게 나온 맛으로 한 단계 더 발전된 맛이다.

PART

5

새우젓

새우를 20~40%의 소금으로 염장한 다음 숙성시켜 만든 것이다. 새우젓은 가장 많이 사용되는 젓갈로서 우리나라 식품 조리에 중요하게 사용되는 재료이다. 새우젓은 김치의 특유한 맛과 향을 낸다.

새우젓은 서해안 지역에서 주로 많이 생산되며, 숙성된 새우젓은 새우의 구수한 맛과 달콤한 맛을 가지고 있다.

홍새우젓

18

새우젓 종류

새우젓은 젓을 담근 시기에 따라 새우의 생김새와 이름과 쓰임새가 각각 다르다.

자하젓은 크기도 작고, 색이 다른 새우에 비해 붉은 색을 띤다. 5~6월 사이, 9~10월 사이에 잡힌다. 돼지고기 요리, 국, 김치 담글 때 사용된다. 맛과 향이 아주 뛰어나다. 소금을 새우와 섞은 후 단지에 차곡차곡 넣은 후 윗부분을 덮고, 소금을 위에 다시 얹는다. 그리고 3개월 이상 음지에서 발효시켜 먹는다.

새하젓은 작으면서도 맛은 좋은 편이다. 5~6월, 9~10월 사이에 잡히고, 사용 용도는 자하젓과 동일하다.

데떼기젓(김치육젓)은 새우가 크고, 각질이 두꺼운 편이며, 우리나라 새우 중에선 가장 많이 생산되는 새우젓이다. 봄에서 가을까지는 흔히 잡히고, 김치 담글 때 가장 많이 사용된다.

데떼기젓의 원료로 사용되는 새우는 돗대기새우이다. 전 세계적으로 12종이 분포하는 돗대기새우는 한국, 일본, 중국, 싱가포르 연안에서 봄과 가을에 대량 출현한다. 우리나라 서해 남부 해역에서 많이 잡히고, 데떼기젓은 새우젓 중에 기호도가 매우 높다. 일명 '밥새우'라고도 불리는 돗대기새우는 크기가 2cm 안팎인 작은 새우이다. 1년 중 3월 하순부터 5월 중순 사이에 집중적으로 잡힌다. 데떼기젓은 우리나라에서 제조되는 새우젓 중 가장 많은 양을 차지하며 김치 담글 때 가장 많이 사용된다.

곤쟁이젓은 새우가 아주 작으나 맛은 좋은 편에 속한다. 이른 봄 잠시 동안 잡히고, 자하젓과 같은 용도로 사용되나 밥에 쪄서 먹기도 하고, 비벼서 먹기도 한다.

동백하젓은 한겨울에 나오는 새우젓으로 깨끗하고 흰 빛깔을 가지고 있다. 이 새우는 한겨울에 잡히고 있지만, 수년 전부터 바다 환경오염으로 인해 수확을 올리지 못하고 있다.

오젓

오젓은 5월에 주로 생산되며, 오젓의 원료로 사용되는 새우는 육젓의 원료로 사용되는 새우보다 약간 작지만, 돗대기새우라는 작은 새우로 담그는데 추젓의 새우보다는 크다.

흰색을 띠는 오젓은 깨끗하고 육질이 좋으며, 육젓과 같은 종류의 새우로 볼 수 있다.

잡히는 시기가 일정하지 않으나 육젓 바로 앞 두 사리물 때, 즉 음력 5월 10일~6월 10일경이 적합하다.(한사리를 15일로 계산한다.) 오젓은 오사리젓이라고도 한다. 오사리란 음력 오월 사리 때 잡것이 많이 섞여서 잡힌 새우나 해산물을 일컫는다.

육젓

　육젓은 바다새우 중 젓새우과의 새우로 크기가 크며 살도 통통
하다. 잡는 물때에 따라 흰색이나 붉은색이 보이며 부드럽고 깨끗
하다. 토굴 속에서 3개월간 숙성시키면 시커먼 국물이 뽀얀 색이
된다. 잡는 시기는 음력 6월 10일~7월 10일 사이에 잡히는 것이 제
일 좋다. 점점 어획량이 줄어들어 귀한 편이다.

추젓

추젓은 가을(10월)에 많이 잡히고, 추젓의 원료로 사용되는 새우는 오젓에 사용되는 새우보다 작으나 육질은 부드럽다. 껍질이 약간 두꺼운 것이 특징으로 잡티가 많이 섞인 것은 좋지 않다.

추석 이후부터 겨울 동백하젓이 나오기까지 잡힌다. 삭힌 추젓은 꼬리 부분에 붉은빛이 남아있다. 추젓은 대체로 덜 짜게 만드는데 담그는 시기가 찬바람이 난 후이기 때문이다.

추젓은 김장용으로 가장 많이 쓰일 뿐만 아니라 찌개, 국, 호박나물, 수육, 돼지고기 요리, 두부요리, 해장국, 콩나물국 등 여러 음식과 반찬용으로도 쓰인다.

19

새우젓의 효능

모든 젓갈이 소화흡수가 잘 되지만 특히 새우젓은 소화력이 뛰어난 식품이다.

그 이유는 새우의 내장에 아주 강력한 소화효소가 들어있어 육질이 빠르게 분해하기 때문인데, 새우젓의 이런 특징 때문에 육류, 특히 돼지고기를 먹을 때 새우젓을 함께 섭취하는 것이 식생활의 지혜이다. 돼지고기의 주요 성분은 단백질과 지방이다. 단백질이 소화되면 아미노산으로 바뀌는데 이때 필요한 것이 단백질 분해효소인 프로테아제이다. 새우젓이 발효되는 동안에 대단히 많은 양의 프로테아제가 만들어져 소화제 구실을 하게 되는 것이다. 지방역시 췌장에서 분비되는 리파아제가 있어야 무리 없이 소화된다. 지방분해효소의 힘이 부족하면 지방이 분해되지 못하여 설사를 일으키게 되는데, 새우젓에는 바로 이 리파아제가 함유되어 있어 기름진 돼지고기의 소화를 도와준다.

전해 내려오는 민간요법으로 체했을 때 새우젓을 먹이기도 한다.

새우젓에는 소화효소뿐 아니라 비타민B1과 나이아신 등의 영양분이 들어있어 식욕감퇴, 각기, 신경증, 설염, 구내염, 피부염 예방에 도움이 된다.

PART

6

멸치젓

멸치젓

멸치젓은 멸치를 20~30%의 농도가 되도록 소금에 절여 상온에서 일정 기간 보관하여, 자가 소화 분해 효소와 미생물에 의한 발효작용으로 생긴 유리 아미노산과 핵산 분해 산물의 상승작용으로 특유한 감칠맛을 낸다.

멸치젓은 생산량으로 보아 새우젓과 더불어 우리나라 2대 젓갈의 하나이다. 특히 남해안 지방에서 많이 담으며 맛도 좋다. 봄에 담는 것을 춘젓, 가을에 담는 것을 추젓이라고 하는데, 춘젓이 맛이 있다.

또 같은 춘젓이라도 이른 봄의 초물은 살이 오르지 않아 진한 맛이 적고, 담아서 오래 두면 살이 풀어지기 쉽다. 반대로 파물은 기름기가 너무 많아 끈적거리고 멸치 비린내가 가시지 않는다. 시기로 보면 중물을 취하는 것이 좋다.

신선한 멸치를 물에 씻어 물기를 뺀 후, 용기에 소금과 멸치를 번갈아 넣어 절인다. 소금양은 원료 중량의 20~30% 정도이다. 원료의 선도가 나쁠수록, 지방 함량이 많을수록, 또 기온이 높을수록 소금양을 높이고, 저온 숙성 시에는 소금양을 낮게 조절한다.

담근 후 수일간은 하루 한 번 섞어 소금이 고르게 스며들게 하고 밀봉하여 시원한 곳에서 숙성시킨다. 숙성기간은 소금양과 숙성온도에 따라 다른데, 보통 2~3개월이 걸린다. 비린내가 많이 남아 있으면 아직 숙성이 덜 된 것이다. 또 표면에 낀 기름기는 걷어내는 것이 좋다. 기름이 산화되어 쓴맛, 떫은맛의 원인물질이 되고, 뒷맛을 나쁘게 한다.

5~6개월의 숙성기간이 지나면 젓갈이 완전히 숙성된다. 멸치가 삭으면 말간 웃물이 고이는데, 이것을 생젓국이라 하여 따로 떠놓고 조미료로 쓴다. 생젓국을 뜨고 남은 것은 솥에 붓고 소금과 물을 적당히 섞어 달인 후 걸러서 멸장(멸치젓국)을 만들어 조미료로 쓴다. 보통 3월에 담그면 8~9월에 생젓국을 뜨게 된다.

멸치젓을 남해안 지역은 연 1회(음력 3~5월), 동해안 지역은 연 2회(음력 4월과 7~8월) 담그는데, 일찍 담근 것은 응달에서 숙성시키고 늦게 담근 것은 따뜻한 곳에서 숙성시켜야 적당히 발효하여 비린내가 없고 맛있게 삭는다. 연 2회 담그는 까닭은 두 번에 걸쳐 멸치가 잡히기 때문이다.

멸치는 난수성 어족으로 봄철에 남쪽 바다에서 난류를 따라 동해안으로 북상하였다가 가을이면 다시 회유한다. 멸치젓은 보통 소금으로만 담그나, 함경남도 북청에서는 멸치젓을 담글 때 고춧가루를 넣는다. 고춧가루는 발효를 촉진 시키고 낮은 기온에서 숙성된 젓갈의 비린내를 막기 위한 것이다.

PART

7

어류 젓갈

가자미젓

동해안에서 잡히는 가자미를 주로 이용한다.

가자미를 깨끗이 씻어 15~20%의 소금을 섞은 후 항아리에 눌러 담고 2~3cm 두께의 소금으로 덮는다. 항아리 뚜껑을 덮고 2~3개월 서늘한 곳에서 발효시키면 가자미의 원형이 유지된 가자미젓이 된다.

1년가량 실온 발효시켜 채에 거르면 가자미 액젓이 된다.

가자미젓은 뇌신경 진정 및 뇌 활성화에 도움을 주며 스트레스 해소 기능을 한다. 또한 칼슘이 풍부하게 함유되어 있어 골다공증에도 좋은 식품이다. 젓갈의 중흥기였던 조선 시대에는 명나라 조공 무역품으로 사용되기도 했다.

강달이젓

강달이는 민어과에 속하는 바닷물고기이다. 황석어보다 훨씬 길고 크며 몸의 두께가 갈치보다 얇고 꼬리 쪽이 길다.

가시도 거의 느껴지지 않을 정도로 여리고, 비늘도 벗길 필요가 없을 정도로 부드럽다. 몸의 색깔은 전체가 은회색이다.

산란기에는 강을 거슬러 올라오는데 이때 살이 올라 맛도 가장 좋다. 어유는 눈병의 특효약처럼 알려져 있고, 소금에 버무려 삭힌 강달이젓은 주로 봄에 만들어 늦가을에 먹는다.

고노리젓

곤어리를 소금에 절인 젓갈로 전라도의 토속음식이다. '고노리'는 곤어리의 전라도 방언으로, 곤어리는 청어목 멸칫과의 바닷물고기이며 크기와 길이가 정어리와 비슷하다.

국내에는 서남 연해와 남부 다도해에 분포해있다. 크기가 작아 젓갈로 많이 담가 먹는데, 특히 전라북도 부안과 전라남도 여수의 고노리젓이 유명하다. 고소하고 담백한 맛이 특징이다.

고노리젓은 싱싱한 곤어리를 깨끗이 씻어 간수를 뺀 천일염에 곤어리를 버무린 후, 항아리에 담아 보관한다. 햇빛이 들지 않는 곳에서 일주일 이상 숙성시킨다.

곤어리에는 칼슘이 풍부하여 성장기 어린이의 뼈를 튼튼하게 해주고 성인의 골다공증을 예방한다.

꽁치젓

꽁치젓

꽁치를 소금에 절여 만든 젓갈로 경상북도 해안가의 토속음식이다. 동갈치목 꽁칫과의 바닷물고기인 꽁치는 한국에서 동해와 남해에 주로 분포하며, 예로부터 다양한 방법으로 즐겨 먹었다.

일반적으로 구이, 찌개, 조림 등으로 만들어 먹었는데 젓갈로 담가 먹어도 쓰임이 많고 맛이 좋다.

길고 가는 몸을 가진 꽁치는 지방 함량이 많아지는 가을이 음식으로 먹기에는 제철이지만, 꽁치를 젓갈로 담글 때는 꽁치의 풍부한 지방 때문에 산패할 우려가 있어 지방이 적은 봄 꽁치를 사용해야 한다.

경상북도 울진군에 있는 봉산마을의 '봉산 꽁치젓갈'이 오랜 전통과 맛으로 유명하며, 꽁치젓갈을 담가 먹는 강원도 영동 지방에서는 꽁치젓을 넣어 만든 '꽁치김치'가 향토음식으로 전해진다.

꽁치젓을 담그기 위해 꽁치는 싱싱한 것으로 준비하여 깨끗이 씻고 손질한다. 이것을 통째로 굵은 소금과 함께 버무린 후 살균 소독한 항아리에 굵은 소금과 번갈아 쌓아 올린다. 맨 위층에는 굵은 소금을 두껍게 올린다. 항아리를 밀폐하여 그늘진 곳에 두고 반년 정도 삭힌 뒤, 반찬의 조미료로 사용한다. 꽁치젓은 맛이 달고 진하여 김치에 넣었을 때 맛이 좋다.

갈치젓

갈치젓

    갈치를 통째로 소금에 절여 2~3개월 동안 숙성시킨 젓갈로 김치 담그는 데 주로 이용하며 반찬으로도 먹는다. 1년 이상 숙성시키면 짙은 밤색을 띠는 갈치 젓국이 된다.

    갈치젓은 갈치의 비늘을 다듬고 씻어서 내장을 빼낸 뒤 20% 정도의 소금을 아가미와 갈치의 복강 부위에 넣는다. 소금 친 갈치를 항아리에 담고 웃소금을 뿌리고 누른 다음 뚜껑을 덮어 서늘한 곳에서 숙성시킨다. 갈치젓은 칼슘과 단백질 함량이 높다.

까나리젓

까나리젓

　까나리를 소금에 절여 담근 젓갈로, 충청도에서 유래하여 전국적으로 생산된다. 까나리는 멸치만 한 크기로 뼈째 섭취할 수 있는 생선이다. 구이, 볶음, 조림, 찌개 등으로 조리하여 먹는데, 젓갈로 담가 먹는 방법이 가장 유명하다. 우리나라의 전 연안에 서식하고 있으며 충청남도 보령시 원산도와 인천 백령도에서 5~6월 사이에 잡히는 까나리가 젓갈로 담그기에 가장 좋다. 은백색의 띠며 눈동자가 선명한 것이 신선한 까나리이다.

까나리젓을 담그기 위해 까나리는 신선한 것을 골라 깨끗이 씻는다. 항아리에 굵은 소금과 까나리를 번갈아 가며 담는다. 맨 위 층에는 굵은 소금을 균일하게 깔아 까나리가 보이지 않게 한다. 항아리를 밀폐하여 서늘한 곳에 두고 반년간 삭힌다. 까나리젓은 요리할 때 간장 대용으로 쓰거나, 밥과 함께 쌈을 싸 먹기도 한다. 김장 김치를 담글 때 쓰면 김치의 숙성을 도와주고 맛을 신선하게 유지해준다. 또, 잘 삭은 까나리젓을 창호지에 거르면 '까나리액젓'이 된다.

등피리젓

　등피리젓은 전라북도에서 많이 담그는 젓갈로 고창에서는 등피리젓, 부안에서는 딘팽이젓이라고 한다. 등피리는 눈이 크고 등이 푸른 작은 생선이다. 비늘이 많아서 오래 묵을수록 좋은데 3년쯤 묵어야 맛있다. 비늘을 긁어내고 양념하여 찬으로 먹거나 김치에 넣는다.

　등피리젓은 재료의 신선도와 적당한 소금 농도가 가장 중요하며, 서늘한 곳에서 숙성시킨다.

　젓갈을 저장할 때는 맨 위에 소금을 덮고 눌러 젓갈 재료가 국물에 잠기게 해야 오래 두고 먹을 수 있다.

매가리젓

매가리젓

매가리는 고등어와 비슷하게 생긴 전갱이의 방언이다.

매가리라는 이름은 우리나라의 최초 어보인 『우해이어보』에 처음 나왔으며, 매가리를 전갱이 새끼라고 기술하고 있다. 매가리젓은 90% 이상이 남해안에서 잡힌다.

선도가 좋은 매가리를 원료로 하여 깨끗이 씻어 20~30%의 소금을 섞어 항아리에 담고 소금으로 덮어서 2~3개월간 숙성시킨다. 김치 담글 때 많이 이용된다.

매가리는 고등어나 꽁치보다 지방 함량이 적고 뇌기능 향상에는 좋은 DHA와 불포화지방산이 풍부하다. 특유의 향과 부드러운 조직감이 뛰어나다.

모치젓(숭어새끼젓)

『자산어보(玆山魚譜)』에는 "작은 것을 속칭 등기리(登其里)라 하고 가장 어린 것을 속칭 모치(毛峙)라고 한다[모당(毛當)이라 부르기도 하고 또 모장(毛將)이라고도 부른다]."라고 하였다. 즉, 모치는 덜 자란 숭어 새끼를 이르는 말이다.

목포 하굿둑에서 영암군 군서면 해창리에 이르는 해안 지역에 서식하던 숭어는 담백한 맛이 일품이어서 예로부터 인기 있던 횟감이었다. 영암군에서는 특히 묵은 모치를 제찬(祭饌)으로 많이 사용해 왔다.

숭어 맛은 늦가을부터 초봄까지 가장 좋은데, 계절마다 다르다. 겨울 숭어는 달고, 여름 숭어는 밍밍하며, 가을 숭어는 기름이 올라서 고소하다고 한다.

모치젓은 숭어 새끼와 풋고추를 소금에 절여 항아리에 담고 뚜껑을 덮어 3개월 이상 삭혀 먹는다.

반지젓

반지와 밴댕이를 같은 생선으로 보는 사람들이 많지만, 반지는 청어목 멸칫과이고 밴댕이는 청어목 청어과에 속하는 바닷물고기로 다른 생선이다.

위턱이 아래턱보다 긴 입 모양으로 밴댕이와는 뚜렷이 구분된다. 몸길이 약 20cm이다. 납작하며 머리는 작고 입은 매우 크다.

몸의 등쪽은 연한 갈색, 배쪽은 은백색을 띤다. 등지느러미·배지느러미·뒷지느러미는 무색투명하며, 가슴지느러미와 꼬리지느러미는 노란색을 띤다. 꼬리지느러미의 바깥쪽 가장자리는 어둡다. 등쪽에서 보면 몸의 정중선을 따라 검은색 소포가 흩어져 있다.

반지젓을 담그기 위해 반지를 깨끗이 손질하고 굵은 소금과 반지를 켜켜이 담는다. 맨 위층에는 굵은 소금을 균일하게 깔고 항아리를 서늘한 곳에 두고 반년간 삭힌다.

뱅어젓

뱅어젓

뱅어는 살이 투명한 생선이다. 그래서 한자로 白魚(백어)라 썼고, 이 백어가 뱅어로 변한 것이다.

뱅어는 10㎝ 정도 자란다. 다 자라도 살은 투명하다. 바다와 접하는 하구에 주로 산다. 봄에 알을 낳는데, 그보다 조금 이른 시기에 강으로 올라간다.

고문헌에 이 뱅어에 대한 기록이 많다. 『세종실록지리지』, 『동국여지승람』에도 뱅어의 여러 산지가 기록되어 있다. 한반도의 강에서 이 뱅어가 많이 잡혔음을 알려주는데 한강, 금강, 낙동강, 압록강, 대동강, 영산강 등에서 뱅어가 났다.

허균은 『도문대작』에서 "얼음이 언 때 한강에서 잡은 것이 가장 좋다. 임한(林韓)·임피(臨陂) 지방에서는 1~2월에 잡는데 국수처럼 희고 가늘어 맛이 매우 좋다."라고 기록하고 있다.

1956년 1월 18일자 동아일보에 "한강은 요즘 밤마다 얼음을 뚫어놓고 고기를 낚는 태공망들의 어화로서 뒤덮여 철 아닌 풍교야박을 연상. 왕상의 빙리로 좋습니다만 그보다는 요즘 이곳 특산인 백어회가 구미를 당기고 있습니다." 이런 기사가 올라 있다.

뱅어는 바다빙어목 뱅엇과에 속하는 경골어류이고, 실치는 농어목 황줄베도라칫과의 어류로 완전히 다른 어류이다.

전라도에서는 예부터 뱅어에 소금을 쳐서 뱅어젓을 담아 진귀한 식품으로 귀하게 여겼다.

31

밴댕이젓

밴댕이젓

밴댕이는 우리나라 서남해안 일대를 비롯한 일본의 혼슈에서 동남아시아 지역까지 분포하지만, 밴댕이젓은 주로 강화도의 특산품이다. 강화도 선수어장에서는 음력 5월 사리에 잡는 밴댕이를 오사리밴댕이라 하며 살지고 기름져서 횟감용으로 쓰고, 이후 금어기 이전인 양력 7월 15일까지 잡는 밴댕이는 살이 빠지고 기름기가 적어서 뺄밴댕이라고 하며 젓갈용으로 쓴다.

충남 지역에서는 내장을 빼서 손질한 밴댕이에 소금을 넣고 버무려 항아리에 눌러 담고 맨 위에 소금을 듬뿍 얹어 무거운 돌로 눌러 놓고 뚜껑을 덮은 다음 그늘진 곳에서 삭힌다.

전남 지역은 굵은 소금에 절인 밴댕이에 생긴 물을 따라 버리고 다시 소금을 뿌려서 15일 정도 돌로 눌러 놓은 다음 국물을 따라 내어 끓여서 식혀 다시 붓고 위에 소주를 약간 뿌려서 삭힌다.

엽삭젓(전어새끼젓)

전어 새끼로 담근 젓갈이다.

전어 새끼를 깨끗이 씻어서 소금에 전어를 버무린 뒤 항아리에 담는다. 항아리를 서늘한 곳에 보관한다. 엽삭젓은 전남 함평군 일대에서 많이 담가 먹는데, 반찬으로 먹거나 김치에 넣어 먹기도 한다.

전어젓

전어젓

전어의 비늘을 긁어내고 내장을 제거한 뒤 깨끗이 씻어서 체에 받쳐 물기를 뺀다. 소금에 전어를 버무린 뒤 항아리 바닥에 소금을 깔고 그 위에 소금에 버무린 전어를 담고 소금을 덧뿌린다. 밀봉하여 그늘지고 서늘한 곳에 두고 삭힌다. 20일 정도 후에 꺼내서 비늘을 훑어낸 뒤 살과 뼈를 함께 잘게 다지거나 살만 발라내어 굵게 찢어서 양념하여 먹는다.

PART

8

갑각류 젓갈

갈게젓

갈게는 기수역 또는 조간대 상부 지역에 진흙 바닥에 구멍을 파고 살며, 서해와 동해 포항 이남에 서식한다. 주로 변산반도, 태안 해안에 서식한다.

갈게젓은 깨끗한 갈게에 간장을 넣고 일주일 정도 1차 숙성시키고 1차 숙성 후 간장을 따로 담고 생강, 마늘을 저며 넣고 끓인다. 끓이면서 거품과 불순물을 제거하고 간장이 다 끓으면 식혀서 다시 게가 잠기도록 붓는다. 서너 번 되풀이해서 항아리에서 발효시킨다.

게장

게에다 간장을 달여 부어 삭힌 저장식품으로 게젓이라고 한다.

『산림경제』에는 조해법(糟蟹法)이라 하여 게·재강(술지게미)·소금·식초·술을 섞어 담근 기록이 있으며, 게젓은 오래 두면 맛이 변하나 조해법으로 담근 게장은 이듬해 봄까지 먹을 수 있다고 되어있다. 이 밖에도 주해법(酒蟹法), 초장해법(醋醬蟹法), 염탕해법(鹽湯蟹法) 등이 기록되어 있다.

게장은 이미 1600년대부터 우리 식생활에서 만들어 먹었다.

게장은 반드시 살아 있는 게를 사용하여야 한다. 해감한 게를 항아리에 담고 진장과 청장을 섞어 붓는데, 게 50마리에 10컵 정도가 적당하며, 여기에 마늘·통고추를 섞어 넣도록 한다. 3일이 지난 뒤에 간장을 따라내어 끓인 다음 차게 식혀서 붓는데, 이를 3~4회 반복하도록 한다.

『규합총서』에 의하면, 간장에 쇠고기 두 조각을 넣고 깨끗이 손질한 게를 골라 항아리 속에 넣고 씨를 뺀 천초(초피나무 열매)를 넣어서 익혔다.

『시의전서』에는 게를 깨끗이 씻어 항아리에 넣고 간장을 부어두었다가 3일 뒤에 따라내어 솥에 달여서 식으면 항아리에 붓고, 3일이 지나면 다시 되풀이하여 익힌다고 한다.

지역별로는 경상도·전라도·제주도 지방의 게장이 유명하다.

36

약계젓

『주방문』에서는 '약계젓'이라 하여 참게를 항아리에 담아 하룻밤을 지낸 뒤, 기름장과 후추·생강·마늘을 잘게 썰어 섞어서 기름장을 달여 따뜻한 김이 있을 때 담갔다가 7일 뒤에 먹는다고 한다.

약계젓은 살아 있는 참게를 소쿠리에 담고 밤새 뚜껑을 덮어두어 해감하고 솔로 깨끗이 씻어 물기를 닦는다. 간장, 물, 참기름을 넣고 끓여 식히고, 얇게 썬 생강과 마늘을 준비한다.

단지에 게의 배가 위로 담고 생강과 마늘을 위에 뿌린 다음 뜨지 않게 돌로 누르고 식힌 장물을 붓는다. 3~4일이 지나면 장물을 쏟아냈다가 다시 끓여서 식힌 후 붓고, 이틀 후에 다시 장물을 끓였다 식혀 붓는다.

곤쟁이젓(감동젓, 자하젓)

곤쟁이젓

곤쟁이는 우리말로 자하라고도 부른다. 자하는 갑각류의 한 종류로 생김새가 새우와 비슷하지만 갑각의 색이 자주색이라하여 자하라는 이름이 붙었다. 자하는 갑각류의 열각목에 속하는 새웃과로 바다새우 중 가장 작고 연하며 몸체가 투명하고 최고의 청정 지역에서만 서식한다.

한국 연근해에 서식하는 20여 종의 곤쟁이는 몸길이 약 1cm이다.

조선 후기 학자 이만영이 곤쟁이젓을 먹고 감동하여 『재물보』에서 곤쟁이젓을 '감동젓'이라 부르기도 했다.

조선 중기 학자이자 화가였던 김창업은 감동젓의 맑은 즙을 '감동유'라고 하여 돼지고기를 찍어 먹으니 최고의 맛이라 적었다.

17세기 초의 『주초침저방』에 '감동저'라는 요리법이 기술되어있는데 어린 오이를 넣은 자하젓이다.

18세기에는 오이뿐만 아니라 전복, 소라, 무 등을 함께 넣어 버무려 담근 젓갈로 발전하였다.

19세기에는 전복, 소라, 오이가 빠지고 무채만 넣고 담근 '무채감동젓'이 해주지역에서 생겼고, 20세기 초반에는 무를 깍둑썰기 하는 일반 깍두기와 달리 무를 납작하게 썰어 담근 '감동젓 깍두기'가 서울을 중심으로 만들어졌다.

곤쟁이젓은 깨끗이 헹군 곤쟁이와 소금을 5:2 비율로 버무려 항아리에 담고 2~3개월 숙성시켰다.

38

벌떡게젓(돌게장-전남, 반장게장-전남)

벌떡게젓

벌떡게는 바다에서 나는 게의 한 종류로 『자산어보』에 의하면 빛깔이 검붉고 등이 단단한 껍데기로 덮여 있으며, 왼쪽 집게발이 오른쪽 집게발보다 크다고 한다.

벌떡게장을 담그는 법은 지역에 따라 조금씩 다르다.

전라남도에서는 돌게장으로 부르며, 게를 그대로 또는 토막을 쳐서 양념한 간장에 부었다가 바로 먹는다.

반면에 전라북도에서는 토막을 내지 않은 게에 끓여서 식힌 간장을 붓거나 짜게 끓인 소금물을 식혀서 붓거나 하여, 전라남도보다는 장기간 저장해 두고 먹는다. 특히 전라북도의 위도에서는 게를 맛있는 젓국에 절여 두었다가 삭혀 먹기도 한다.

방게젓

방게를 간장에 절여 담근 젓갈로 방게는 3~4월 또는 9~10월에 나는 게로 껍데기가 네모꼴의 암녹색이며, 우리나라 전 해역에 분포한다. 하구 기수 끝에까지 제한적으로 서식하며, 제방이나 갈대숲 또는 습지의 진흙 바닥에 구멍을 파고 산다. 많은 경우 수천 마리가 무리를 이루지만 사람 소리가 나면 재빨리 구멍으로 숨어버린다. 주로 7~8월에 산란한다.

방게는 갑각강 십각목 바위게과에 속하는 절지동물로, 방해(方蟹) 또는 청해(青蟹)라고도 한다. 방게볶음이나 방게젓 등으로 요리하여 먹는다.

방게젓을 담그기 위해 방게를 씻어야 하는데, 방게는 솔로 씻기 어려우므로 물을 붓고 흔든 다음 물을 빼는 식으로 여러 차례 헹구어 씻어낸다. 이렇게 씻은 방게의 물을 모두 제거한 뒤 간장을 끓여 식혀 붓는다. 통고추를 잘게 다진 것과 생강을 같이 항아리에 넣고 뚜껑을 잘 덮어두었다가 수개월 후에 꺼내 먹는다.

참게젓

참게젓

『동국여지승람』의 토산조을 보면 해(蟹)는 강원도를 제외한 7도 71개 고을의 토산물이었다. 이 해(蟹)는 참게와 동남참게를 가리킨다고 할 수 있다.

『자산어보』에서는 "큰 것은 사방 3~4치이고 몸빛은 푸르고 검은색이다. 수컷은 다리에 털이 있다. 맛은 가장 좋다. 이 섬의 계곡물에 간혹 참게가 있으며 내 고향의 맑은 물가에 이 참게가 있다. 봄이 되면 하천을 거슬러 올라가 논두렁에 새끼를 낳고 가을이 되면 하천을 내려간다. 어부들은 얕은 여울에 가서 돌을 모아 담을 만들고 새끼로 집을 지어 그 안에 넣어두면 참게가 그 속에 들어와서 은신한다. 매일 밤 횃불을 켜고 손으로 참게를 잡는다."고 하였다.

참게는 예부터 우리나라에서 가장 유명한 식용 게였다. "해남 원님 참게 자랑하듯 한다."라는 말이 있다. 해남 원님이 누리는 호사 중의 하나가 참게를 먹는 것이라 했을 정도로 참게는 그 뛰어난 맛을 인정받았다. 원님이 즐겼던 참게 요리는 아마 참게젓이었을 것이다. 참게젓은 예로부터 밥도둑이라고 불릴 만큼 인기가 좋았다.

『규합총서』에는 술과 초로 게젓 담그는 법, 소금으로 게젓 담그는 법, 장으로 게젓 담그는 법 등이 기록되어 있다.

황해도 지방에서 참게젓은 소금물에 절인 게를 간장, 생강, 마늘을 넣어 끓인 물에 담가 삭혀 먹는 젓갈이다. 예로부터 황해도에서는 게로 만든 음식이 유명하였으며 주로 게를 이용한 찜과 탕, 젓갈을 만들어 먹었다. 참게는 바위게과의 갑각류에 속하는 작은 식용 게로서, 주로 바다와 가까운 하천 지역에 서식하므로 북한에서는 황해에 인접한 하천 지역에서, 남한에서는 남해에 인접한 섬진강 부근에서 많이 볼 수 있다.

경상남도와 전라남도에서도 참게젓은 참게를 깨끗이 손질하여 소금물에 하루 정도 담가둔다.

항아리에 준비한 참게를 뒤집어 넣고 간장을 부어 보관한다. 2~3일 후, 간장만 따로 끓여 식힌다. 여기에 생강과 마늘을 첨가하고 참게를 넣은 항아리에 다시 붓는다. 이 과정을 4회 정도 반복하고 2주 이상 숙성 후에 먹는다.

41

토하젓

토하를 잡는 저자

　민물새우인 토하를 소금에 절여 담근 젓갈로, 경상도와 전라도에서 즐겨 먹는 음식이다.

　토하는 토하젓의 주요 생산지인 전남 지역의 논이나 저수지에서 잡히는 아주 작은 민물새우이다. 고유한 흙냄새가 나며 전라도에서는 생이 또는 새비, 충청도에서는 새뱅이라고 한다. 바다새우로 담근 새우젓과 비교하였을 때도 맛이 떨어지지 않으며, 감칠맛이 좋다.

전라도에서는 예로부터 구강질환을 치료하는 음식으로 쓰이기도 했으며, 소화에도 도움이 돼 '소화젓'으로 불리기도 하였다.

싱싱한 토하를 깨끗이 손질한다. 항아리에 민물새우와 굵은 소금을 번갈아 가며 쌓고 맨 위층은 굵은 소금으로 마무리한다. 이때 소금 사이로 민물새우가 보이지 않도록 소금을 두텁게 덮어주는 것이 좋다. 항아리를 밀봉한 뒤, 햇빛이 들지 않는 서늘한 장소에서 보관한다.

토하젓을 오래 두고 먹으려면 소금만 뿌려 삭힌 뒤 먹을 때마다 적당량을 꺼내 따로 양념하는 것이 좋다. 먹을 때는 다진 마늘과 통깨 등으로 맛을 낸다.

바로 먹을 것은 토하에 찹쌀밥과 소금, 고춧가루를 넣고 한데 찧거나 갈아서 담근다. 생토하에 매운 죽처럼 양념한 것을 섞어서 젓을 담그기도 한다.

조선 시대에는 전남 강진군 옴천면에서 생산되는 토하젓을 궁중 진상품으로 올릴 만큼 유명했다.

PART

9

연채류 젓갈

42

꼴뚜기젓

꼴뚜기젓

화살오징엇과에 속하는 연체동물이다. 정약전의 『자산어보(玆山魚譜)』에는 오징어와 비슷하나 몸이 좀더 길고 좁으며 등판에 껍질이 없고 종잇장처럼 얇은 뼈를 가지고 있는 것으로, 선비들이 바다에서 나는 귀중한 고기라 하여 '고록어(高祿魚)'라고 불렸다고 쓰여 있다. 화살꼴두기과에는 꼴뚜기 외에 창꼴뚜기, 화살꼴뚜기, 흰꼴뚜기 등을 포함한 7종이 널리 알려져 있다.

몸이 부드럽고 좌우 대칭이며, 빛깔은 흰색 바탕에 자줏빛 반점이 있다. 몸통은 길쭉하게 생겼는데 길이가 폭의 3배 정도 된다. 뼈는 얇고 투명하며 각질(角質)로 되어있다. 다리의 길이는 몸통의 반 정도이다.

짝짓기 시 수컷은 좌측 네 번째 팔을 사용하여 정자가 들어있는 정포를 암컷의 몸 안으로 전달한다. 짝짓기가 끝난 암컷은 수심 약 100m 이내인 얕은 곳에서 주로 봄철에 산란한다. 알은 덩어리로 응고된 상태로 낳는데 하나의 덩어리에 20~40개의 알이 들어 있다.

수명 1년이며, 연안에 많이 서식하고 이동을 많이 하지 않아 유영능력이 떨어진다. 그래서 근육이 덜 발달되어 있고 오징어보다 훨씬 연하고 부드럽다.

물살이 빠른 곳에서 그물을 물살에 흘러가지 않게 고정해놓고 그 물살에 의해 그물로 들어가게 하는 안강망(stow net)을 비롯하여 여러 가지 방법으로 잡으며, 잡힌 꼴뚜기는 주로 젓갈로 만들어 먹는다.

백젓

백젓

굴은 어릴 때 돌과 바위 등에 붙어 석화로 자라다 완전히 자란 뒤에는 돌과 바위에서 떨어져 갯벌에 사는 토굴로 변했을 때 채취해 굴젓을 담근다.

먼저 바다에서 채취한 굴을 맑은 해수에 깨끗이 씻어 대바구니에 받쳐 물기를 뺀 다음, 천일염으로 간을 맞추고 질그릇(항아리)에 넣어 15℃의 서늘한 곳에 2주 정도 발효시킨다. 굴을 소금으로 얼간하면 원래 양이 반으로 줄어든 백젓이 된다. 서해안 간월도의 백젓이 유명하다.

낙지젓

싱싱한 낙지를 골라 먹물과 내장을 제거한다. 손질한 낙지를 소금으로 주물러 씻어 이물질을 제거한 후 소쿠리에 건져 물기를 뺀다. 낙지 한 마리에 소금 1/4컵의 비율로 소금을 넣고 버무린다.

항아리 바닥에 소금을 깔고 소금을 켜켜이 뿌리면서 낙지를 차곡차곡 담은 후 입구를 단단히 봉한다. 15일 정도 서늘한 곳에서 삭힌다.

낙지가 잘 삭아 수분이 빠지면 물에 흔들어 씻어 물기를 꼭 짠다. 먹을 때는 잘게 썰어 고춧가루, 다진 마늘, 다진 생강, 참기름, 깨소금 등을 넣고 무친다.

조개젓

조개젓

조개젓은 농경이 시작된 뒤에도 계속 일상식으로 각광을 받아왔던 듯, 중국 송나라 서긍(徐兢)이 지은 『고려도경(高麗圖經)』에는 조개류를 가지고 젓갈을 담가 귀천 없이 먹는다는 기록이 보인다.

이와 같이 오랜 역사를 지닌 조개젓은 오늘날에도 식욕을 돋우는 중요한 밑반찬이다.

조개젓을 담그는 법은 3가지 정도로 볼 수 있다.

첫째는 먼저 잘고 싱싱한 조갯살에 소금을 약간 뿌려 소쿠리에 밭쳐 조개 국물을 받아낸다. 받아낸 조개 국물은 거품과 불순물을 걷어 내가며 끓여서 식힌다.

조갯살을 그릇에 담아 소금을 살살 섞은 다음, 끓여 식힌 조개 국물을 부어 항아리에 넣어서 단단히 봉한다. 조개젓은 특히 양질의 단백질과 핵산류가 많아 어떤 젓갈보다도 감칠맛이 난다. 또한, 식물성 식품에는 없는 비타민 B12가 젓갈 중 가장 많이 들어 있어 비타민 B12의 공급원으로 손꼽히고 있다.

조개젓은 초여름에 담그는 것이 가장 맛있다. 바지락·대합·모시조개 등을 살만 발라 푹 삭힌 후 조금씩 꺼내 양념하여 먹는다. 조개에는 칼슘·인·철분·비타민 A 등이 풍부하다.

둘째는 조갯살과 소금이 필요하다. 만드는 방법은 싱싱한 조개를 골라 해감한 후 살만 발라낸다. 조갯살은 바닷물 농도와 비슷한 소금물에 씻어 채반이나 소쿠리에 건져서 물기를 뺀다. 조개가 크면 2~4 등분한다.

냄비에 물과 소금을 넣고 끓인다. 끓이면서 불순물이나 거품은 말끔하게 걷어낸다. 손질한 조갯살을 소금에 버무려 항아리에 담는다. 식힌 소금물을 붓고 항아리 입구를 단단히 봉한다. 그늘에서 3~4주 정도 삭힌다.

셋째는 소금물을 붓지 않고 소금에 버무린 상태로 담그는 것이다. 삭은 조개젓을 반찬으로 먹을 때는 고춧가루, 다진 파, 다진 마늘, 통깨, 참기름 등을 넣고 골고루 무쳐서 낸다.

식탁 위의 조연 같은 주인공 젓갈

소라젓(구쟁이젓)

소라젓

소랏살을 빼서 푸르고 누런 내장을 떼어낸 다음 물에 깨끗이 씻어 체에 밭쳐 물기를 뺀다.

항아리에 소랏살과 소금을 켜켜이 뿌려 차곡차곡 담는다. 그 위에 소금을 듬뿍 뿌려서 뚜껑을 덮고 그늘진 곳에서 삭힌다. 2~3개월 지나면 먹을 수 있지만, 더 오래 두어도 맛이 좋다. 익으면 얄팍하게 썰어서 식초, 설탕, 깨소금, 고춧가루, 파, 마늘 등 갖은 양념을 하여 무쳐 먹는다. 제주에서는 구쟁이젓이라 부른다.

오분자기젓

오분자기젓

　오분자기를 소금에 절여 저장한 것으로 먹을 때 물에 헹궈 잘게 썰어서 먹는다. 오분자기는 백합과의 연체동물이며 떡조개의 제주도 방언이다. 제주도에서 많이 잡히는 전복류의 일종으로 제주도에서는 '오분재기' 또는 '조고지'라고 부르는데, 12월에서 이듬해 3월까지가 제철이다. 생김새는 전복과 비슷하지만 전복은 껍데기에 3~4개의 구멍이 있고 울퉁불퉁한 반면에 오분자기는 6~8개의 구멍이 있고 껍데기 표면이 편편하고 매끈하며 크기도 훨씬 작다. 크기가 작기 때문에 껍데기가 붙은 채로 조려서 먹는다.

오분자기의 껍질을 벗기고, 장내의 찌꺼기와 모래주머니를 제거한 후, 25%의 소금과 섞고, 오분자기의 내장과 함께 숙성시킨다. 서늘한 곳에서 항아리에 담아 누름돌 없이 저장한다.

오분자기젓은 제주도(북제주군, 동쪽 지방)의 토속음식으로 환자 및 식욕부진 자의 식욕촉진용 반찬으로 많이 이용된다.

48

오징어젓

오징어젓

오징어가 제철인 6~8월경에 담그는 것이 좋다. 밥반찬으로 이용하고, 김치를 담글 때 속에 넣기도 한다. 우선 오징어는 내장을 제거하고 깨끗하게 손질하여 소금물에 씻어 물기를 뺀다. 굵은 소금을 켜켜이 뿌리면서 항아리에 오징어를 차곡차곡 담는다.

맨 위에 오징어가 보이지 않을 정도로 소금을 듬뿍 뿌리고, 항아리 입구를 봉한다. 3~4일 정도 지나 물이 생기면 체에 밭쳐 물기를 빼고 다시 같은 방법으로 3일간 절인다. 열흘 정도 지나 오징어를 꺼내어 찬물에 씻어 물기를 뺀다. 몸통은 채를 썰고, 다리는 5cm 길이로 썬다.

먹기 전에 고춧가루, 파, 마늘 등 갖은양념을 하여 무쳐 먹는다.

어리굴젓

밥상 위의 어리굴젓

　충청도 향토음식의 하나로 생굴에 소금과 고춧가루를 버무려 담
근 젓갈로 고춧가루를 사용한다는 것이 일반 굴젓과 다른 점이다.
충청도 지방에서도 서산, 당진, 예산, 간월도가 유명한데 특히 간월도에서 생산된 것은 왕에게 올리는 진상품으로 썼다고 전해진다.

어리굴젓을 만들 때 가장 주의할 점은 생굴을 씻을 때 맹물로 자주 헹구지 말고 반드시 제물에서 여러 번 씻어 굴 껍데기가 떨어지도록 해야 한다. 먼저 굴을 대소쿠리에 담아 바닷물에 여러 번 흔들어 씻은 다음 소금에 짭짤하게 버무려 나무로 만든 통에 넣는다. 그대로 두면 빛이 노르스름하게 되며 굴이 삭는다. 쌀뜨물을 끓여 식힌 뒤 고춧가루를 풀어 2~3시간 두었다가 삭힌 굴에 넣고 버무린다.

이 상태로 10일 정도 지나면 알맞게 삭아 맛이 든다. 지역에 따라 만드는 방법이 조금씩 차이가 있는데 서산 지역에서는 고춧가루와 조밥을 섞어서 담고 예산 지역에서는 설탕과 멸치젓국, 채썰기 한 배, 생강, 파를 넣는다.

PART

10

어패류 내장/아가미

50

갈치속젓

갈치속젓

　서해와 남해에서 많이 잡히는 싱싱한 갈치의 내장을 소금에 절여 담그는 젓으로 전라남도와 경상남도에서 많이 담가 먹는다.

　봄에 갈치의 싱싱한 내장을 꺼내어 즉시 소금을 넣고 버무려 항아리에 담아 여름까지 숙성시킨 것으로 먹을 때 갈치속젓에 송송 썬 풋고추와 고춧가루, 다진 파·마늘, 참기름, 깨소금을 넣고 무친다.

　경상남도에서는 갈치 내장젓, 갈치 순태젓이라고도 한다. 충분한 발효와 숙성을 거쳐 잘 삭은 것은 김치 담그는 데 사용하며, 갈치 속젓에 고춧가루, 양파, 마늘, 생강 등을 넣어 무쳐 먹거나, 맛이 고소해 쌈장 대용으로도 많이 이용한다.

게웃젓

전복 내장을 소금에 버무려 숙성시킨 젓갈이다. 제주도에서는 전복의 내장을 게웃이라고 하는데, 이것으로 만든 게웃젓은 제주도에서 가장 귀한 젓갈로 취급한다. 전복은 해심 60m 이내의 물이 맑고 조수의 유통이 좋은 곳에 사는데, 주로 미역과 같은 해조류를 먹고 산다. 보통 크기는 20.5cm 정도 하는데, 11~12월에 산란하며 8~10월경이 가장 맛이 좋을 때이다.

전복에는 비타민 B1, 비타민 B12가 많고 칼슘, 인 등의 미네랄이 풍부하여 예부터 산모의 젖이 나오지 않을 때 전복을 먹었다. 특히 어류보다 단백질이 많으며 특히 루신, 글루탐산, 아르지닌과 같은 아미노산이 많아 독특한 맛을 가지고 있다. 이런 맛으로 인해 횟감이나 초밥 재료 등으로 널리 이용되며, 귀한 요리 재료로 여기고 있다.

살아 있는 전복의 내장을 조심스럽게 껍데기에서 꺼낸다. 손질한 내장을 소금에 넣고 버무려 숙성시킨다. 소금에 버무려 두었던 내장이 숙성되면 꺼내어 썰어 놓고, 전복살과 소라도 썰어 놓는다. 여기에 풋고추, 붉은 고추, 깨소금 등의 양념을 넣어 먹는다.

52

대구아가미젓

대구아가미젓

대구의 아가미를 소금에 절여 고춧가루 등으로 양념한 뒤 삭힌 젓갈류로 경상도의 토속 음식이다. '대구아가미젓', '장재젓'이라고 도 하며, 경상도 방언으로는 '장자젓'이라 부른다.

대구목 대구과의 바닷물고기인 대구는 머리가 크고 입이 커서 대구(大口)라는 이름이 지어졌다. 명태와 비슷하게 생겼으나 몸이 좀 더 작다. 무리를 지어 다니며 12월에서 1월경 수심이 얕은 연안 에서 동시다발적으로 알을 낳는다. 한국에서는 경남 진해와 경북 영일이 산란지로 이때 가장 맛이 좋아 경상도 지역에서 대구 요리가 발달하였다. 대구는 모든 부위를 모두 요리해 먹을 수 있어서 매운탕이나 튀김, 포로 말려 먹기도 하고, 알과 아가미, 창자로 젓갈을 담가 먹기도 한다. 싱싱한 대구의 아가미는 살이 붉으며 젓갈로 담갔을 때 부드러우면서 씹는 맛이 좋다.

대구의 아가미는 싱싱한 것으로 준비한 후, 옅게 탄 소금물에 잘 씻어 물기를 제거한다.

아가미를 굵은 소금에 절인다. 살균 소독한 용기에 아가미와 소금을 차곡차곡 쌓는다. 맨 위에 굵은 소금을 깔고 밀폐하여 햇빛이 들지 않는 곳에서 숙성시킨다. 먹을 때마다 다진 파, 다진 마늘, 참기름과 함께 섞어 먹으면 좋다.

전어밤젓

전어의 내장 중 단단하며 구슬처럼 생긴 '밤'과 소금을 섞어 젓갈을 담근다. 전어밤젓은 경상남도에서 부르는 이름이고, 전라남도의 동부 지역에서는 돔배젓, 전라남도 서부 지역에서는 전어창젓, 전라북도에서는 곰뱅이젓이라고 한다.

전어 내장 중 '밤'이라고 부르는 구슬처럼 생긴 부분을 골라 소금물에 살짝 씻어 소쿠리에 건져 물기를 뺀 다음 소금을 골고루 섞어 항아리에 담아 밀봉하여 그늘에 보관한다.

보름 정도 지나서 알맞게 익으면 먹을 만큼 꺼내서 풋고추와 마늘을 굵게 썰고 고춧가루, 깨소금, 참기름을 넣고 양념하여 먹는다. 전어밤은 전어 한 마리에서 하나밖에 나오지 않으므로 전어밤젓은 매우 귀하고 맛있는 젓이다.

창란젓

창란젓

명태의 창자를 소금에 절여 담근 젓갈이다.

창난은 엷은 농도의 소금물에 깨끗이 씻은 다음 물기를 뺀다. 물기를 완전히 뺀 창난에 동량의 소금을 반 정도 넣고 버무려 둔다. 물기 없는 항아리를 준비하여 맨 밑에 남은 소금을 한 켜 깔고 소금에 버무린 창난을 넣는다. 맨 위에 웃소금을 창난이 보이지 않도록 충분히 뿌리고 뚜껑을 덮어 서늘한 곳에 4~6개월 삭힌다. 잘 삭은 창난은 물에 씻어 짠맛을 빼고 길이 4cm 정도로 썰어 갖은

양념하여 반찬으로 한다. 무를 채 치거나 나박썰기 하여 소금에
살짝 절인 후 같이 섞어 무쳐도 좋다.

55

해삼 창자젓

해삼의 창자만을 모아 소금에 절여 만든 젓갈로 경상남도 통영에서 주로 생산된다. 극피동물 해삼강에 속하는 해삼은 바다에서 나는 삼(蔘)과 같다 하여 지어진 이름이다. 긴 원통 모양을 하고 있고, 등 부분에는 돌기가 나 있다. 바닷속에서 떠다니거나 바다 밑을 기어 다닌다. 주로 싱싱한 것을 잡아 회로 먹거나 볶음, 찜, 탕 등으로 먹기도 한다. 해삼창자젓은 황갈색을 띠며, 수분이 많아 오래 저장하면 상하기가 쉬우므로 추운 겨울이나 이른 봄 사이에 유통된다.

먼저 싱싱한 해삼을 준비한다. 해수에 담가 이물질을 제거한 다음 배를 갈라 창자를 꺼내 옅은 소금물에 담근다. 자연 탈수한 해삼의 창자에 소금을 첨가하여 살살 버무린다. 살균 소독한 밀폐용기에 손질한 창자를 넣고 밀폐한 뒤, 햇빛이 들지 않는 곳에서 일주일간 숙성시킨다.

해삼의 창자는 피부 탄력을 증가시키며, 피로 회복에 도움이 된다. 또, 창자에 들어있는 알라닌 성분이 면역체계를 강화시켜 준다. 다른 젓갈에 비해 소금의 양이 적으므로 맛이 변질되기 쉽기 때문에 되도록 빨리 섭취하는 것이 좋다.

PART

11

식해

식해는 어패류와 밥, 무채 등의 부재료를 넣고 소금 간을 약하게 하여 단시일 내에 먹는 염장 발효식품이다. 식해는 생선, 소금, 쌀을 혼합하여 숙성시킨 것으로 쌀의 전분이 분해되고 유기산이 생성되어 소금과 더불어 생선의 부패를 억제하는 보존법이다. 식해에 관한 문헌은 조선 초기까지 전혀 찾아볼 수 없다가 조선 중엽부터 고조리서 속에 나타난다. 1600년대 말 『주방문(酒方文)』에는 생선에 곡물과 소금을 섞어 숙성시킨 전형적인 식해가 기록되었다. 1700년대 『역주방문(歷酒方文)』에는 생선 대신 우양, 멧돼지 껍질을 쓰고 후추를 쓴 것도 역시 식해라 하였다.

그리고 첨가하는 곡류에 따라 식해 담금법이 달라진다. 첨가하는 곡류의 종류는 조밥, 쌀밥, 찰밥, 보리밥, 밀가루 죽 등이며 그 지역에서 생산이 많이 되는 곡류를 사용한다.

관북 지방 중에서 강원도 강릉 이북에서는 조밥을 넣으며 삼척에서는 조밥이나 보리밥 또는 쌀밥을 넣고, 남부 지방 중에서 경상북도, 경상남도와 남해안 지역에서는 쌀밥을, 경상남도의 내륙과 동해안 지방에서는 찰밥을 넣는다. 그 외에 함경남도 영흥군 영흥읍의 찹쌀 식해는 대합조개의 살에 밥 대신 밀가루 죽을 소량 넣기도 하고 전혀 넣지 않기도 한다. 함경북도 나진시에서 담그는 문어 식해는 익힌 곡류를 넣지 않고 무채, 고춧가루, 소금만으로 담그며, 경북 울진군 북면에서 담그는 것은 식해와 젓갈의 중간 형태라고 할 수 있다. 울진군 북면에서 담그는 식해 중에서 무채를 넣지 않고 담그는 것은 명란 식해이다. 강원도 동해시에서 담그는 식해 중에서 멧식해(멸치식해)는 박이나 무채를 넣지 않고 담근다. 그러나 일반 젓과의 차이점은 소금 이외에 아주 소량의 엿기름을 넣기도 하며 고춧가루, 파, 다진 마늘을 넣어 담그는 것이다. 이런 방법은 함경도의 대구젓, 멸치젓, 도루묵젓, 눈치젓, 수메젓 담그는 법과 같은 것이다. 그 외에 경북 영일군 흥해읍에서는 쌀밥, 소금, 엿기름 외에 생선의 뼈를 연하게 하기 위해서 날밀가루를 조금 넣어 담근다.

식해에 넣은 익힌 곡류의 양은 남부 지방이 관북 지방보다 많아서 곡류 양을 생선의 세 배 정도 넣기도 한다. 남부 지방은 기온이 높아 생선이 부패하기 쉬운데, 이러한 사례는 곡류를 많이 넣을수록 어류의 부패 억제에 효과가 크다는 이론과 일치한다.

56

가자미식해

가자미식해

식해류 중 가장 널리 알려진 것이 바로 가자미식해다. 함경도 해안지역에서 시작된 것이지만, 지금은 전국 어디서나 담그는 '특미절임' 요리가 되었다. 가자미는 우리가 횟감으로 즐겨 먹는 광어와 생김새가 비슷하다.

가자미는 반드시 동해안에서도 위쪽, 추운 바다에서 잡힌 것이 좋은데 보기에 싱싱하고 딴딴한 것이 상품이다. 가자미식해는 가자미를 뼈째 삭힌 후 조밥과 무를 첨가하여 만든다. 함경도가 원산지인 까닭에 이북식 홍어회로 불리기도 한다. 깍두기에 섞어 다시 한번 발효시키면 더욱더 새콤해져 그 맛이 일품이다. 북한에선 최고급 음식으로 분류되어 당 간부도 함부로 먹기 힘든 음식이라고 한다.

가자미식해는 생선을 뼈째 먹을 수 있어 칼슘을 다량 공급해준다. 그러나 잘 삭혔기 때문에 뼈가 거슬리지 않는다. 오히려 씹히는 감촉이 사각거리면서도 탄력이 있어 씹는 맛과 부드러움을 함께 즐길 수 있다. 가자미식해는 반찬이나 술안주 혹은 회냉면의 고명으로 이용된다.

57

도루묵식해

도루묵식해

　강릉의 도루묵식해는 꾸덕꾸덕 말린 도루묵에 차게 식힌 차조밥이나 멥쌀밥, 고춧가루, 갖은양념을 넣고 버무려 삭힌다.

　도루묵의 머리와 내장을 제거하고 소금에 주물러 여러 번 씻어 미끈한 진을 말끔히 씻어낸다. 채반에 널어 꾸덕꾸덕 말려 다진 마늘, 고춧가루, 소금으로 양념하여 항아리에 담아 삭힌다.

　도루묵식해는 구수하고 달콤하고 상쾌한 맛이 난다. 도루묵식해를 만들 때 도루묵의 미끈미끈한 진을 잘 빼야 맛이 좋아지므로 여러 번 물을 갈아 가면서 도루묵을 잘 주물러 씻어야 한다.

　도루묵 대가리를 말렸다가 물에 불린 다음 칼등으로 자근자근
두드려서 무채와 함께 섞어 식해를 담가도 맛이 좋다.

명태식해

명태식해

반건조시킨 명태는 살만 발라내어 소금에 절여 물기를 제거한다. 소금에 절인 명태살을 엿기름가루에 버무려 2~5시간 삭힌 다음 고슬고슬하게 쪄서 식힌 차조밥, 무채, 배즙, 고춧가루, 다진 파, 다진 마늘, 생강, 소금과 함께 넣고 버무려 상온에서 2~3일 정도 삭힌다.

명태식해는 겨울철에 담가야 제맛이 나고, 김장하다 김장 속이 남으면 꾸덕꾸덕한 동태를 썰어 김장 속에 버무려 따로 보관하여 먹었던 음식이다. 명태밥식해라고도 한다.

갈치식해

부산, 김해, 진주의 토속음식인 갈치식해는 삼국시대로 거슬러 올라가는 오랜 전통적 역사성을 지니고 있다. 신라 시대부터 부산 기장 연안의 기장갈치가 서라벌(경주)로 진상되었다고 한다.

여름철에 산란하는 갈치는 늦가을까지 충분한 먹이를 취하면서 초겨울이 되면 남쪽 월동 장소로 이동하는데, 갈치가 기장 앞바다, 남해 연근해, 제주도를 거쳐 태평양에서 월동하는데, 이때 잡는 갈치가 제일 맛있는 가을 갈치이다. 가을 갈치로 만드는 다양한 요리가 있지만 부산, 기장, 김해 등지에서는 예로부터 전통적인 방법으로 갈치식해를 만들어 먹었다. 갈치식해는 김해평야에서 수확한 쌀, 엿기름, 소금, 파, 고추, 마늘과 함께 갈치를 넣고 일정 기간 삭힌 발효음식이다.

PART
12

젓갈 기행

어리굴젓으로 이름난 서산 간월도, 나라 안에서 가장 규모가 큰 강경 젓갈 시장, 토굴 새우젓으로 유명한 충남 광천의 젓갈마을, 서해안 고속도로를 타고 가는 태안반도 곰소항, 나주 영산포, 수도권의 강화도 외포리와 인천 소래포구 등 전국의 유명 젓갈 시장을 알아보자.

60

서산 간월도

간월도에서 노두연 할머니와 굴을 따는 저자

산 갯마을 하면 어리굴젓이 떠오를 정도로 명성이 자자하다. 서산 어리굴젓은 단단하여 씹는 맛이 탱글탱글하고 짜지 않아 굴 특유의 향긋한 향이 난다. 그리고 자연산 굴이라 알의 크기가 작다는 것도 특징이다. 서산 갯마을에서 나오는 굴이 다른 지역의 굴보다 작은 이유는 자연적인 조건 때문이다. 간월도 주변 갯벌에는 다양한 크기의 돌들이 많다. 이 돌에 붙어 성장하는 석화는 서해안의 조수간만의 차이 때문에 12시간은 물에 잠겨 있게 되고 12시간은 물 밖으로 노출되어 있어 크게 성장하지 않는다. 또 일정 크기가 되면 갯벌로 떨어져 나와 더 이상 성장하지 않는다. 조수간만으로 굴에 날개가 생기는데 굴의 날개가 맛을 좌우하게 된다. 남해안의 굴젓이 1~2년의 짧은 기간 동안 크게 성장한 것을 사용하는데 비해, 서산의 어리굴젓은 3~4년생을 쓰기 때문에 그 맛과 향에서 차이가 난다.

굴은 10월부터 이듬해 2~3월까지가 제철이다.

그런데 왜 어리굴젓이란 이름이 붙었을까?

고춧가루 양념을 해서 매운맛이 얼얼하여 어리굴젓이라고 했다는 주장도 있고, 접두사 '어리'라는 맛이 '덜된' '모자란'의 뜻을 지닌 '얼'에서 온 말이라는 주장도 있다. 그러니까 짜지 않게 간을 하는 것을 '얼간'이라고 하고 얼간으로 담근 것을 어리젓이라고 하므로 어리굴젓은 '짜지 않게 담근 굴젓'이라는 뜻이다. '서산 어리굴젓'이란 이름으로 팔리는 어리굴젓이 많지만 그중에서도 간월도 어리굴젓을 으뜸으로 친다.

61

강경 젓갈 시장

옛 강경포구

충남 논산의 강경은 1930년대 평양, 대구와 더불어 전국 3대 시
장의 하나로 최대의 성시를 이루었던 곳이다. 내륙 깊숙이 위치했
으면서도 금강 하구와 가까워 해상과 육상 교통의 요충지라는 이

점이 있어 각종 수산물의 거래가 왕성했다. 그렇게 거래되고 남은 물량을 오래 보관하기 위한 염장법이 발달하게 되었고, 강경젓갈을 구입하기 위해 전국 각지에서 몰려든 상인들로 문전성시를 이루었다. 그러한 젓갈 시장으로서의 명성이 오늘날까지 이어져 매년 김장철이면 싱싱한 젓갈을 고르기 위해 전국에서 모여든 주부들의 발길이 끊이지 않는다. 또한 전국 최대의 젓갈 시장이라는 이름에 부응하기 위해 1997년부터 매년 10월 중순에 '강경전통맛깔젓축제'를 개최하는 등 신선하고 다양한 젓갈을 전국으로 공급하고 있다. 축제 기간에는 철도청에서 젓갈 관광열차를 특별 운행한다.

젓갈 시장은 강경읍내 황산리와 대흥리, 염천리에 걸쳐 형성되어 있다. 강경젓갈의 특징은 모든 재료를 원산지에서 직접 가져와 전통비법에 현대화된 시설로 제조된다는 점이다.

강경에서 판매되는 젓갈의 원재료는 신안, 목포, 강화 등에서 가져온다. 강경 상인들은 외지에서 사온 생선을 15~20℃의 저온에서 3개월 이상 발효시켜 맛깔스러운 젓갈을 생산해낸다. 그러기 위해 대부분의 점포들은 발효실이라고 부르는 저온창고를 확보하고 있다.

62

광천 젓갈마을

새우젓을 숙성시키는 토굴

충남 홍성군 남부에는 자그마한 지역인 광천읍은 새우젓을 빼놓고는 얘기가 안 될 정도로 새우젓과 깊은 인연을 맺고 있다. 광천 새우젓은 그냥 새우젓이 아니라 토굴 새우젓으로 더 명성이 높다.

그것은 1960년대 동네 뒷산에 있던 토굴을 이용한 데서 유래되었다. 처음에는 마을 뒤에 있던 토굴을 이용하여 땅속온도인 13~15℃를 자연스럽게 유지했는데, 나중에는 산 중턱에 토굴을 파고 새우젓 발효온도를 일정하게 유지하는 기술을 개발하였다.

이제 광천 새우젓은 지역경제의 중심역할을 담당하고 있다. 토굴이 있는 옹암리 독배마을 도로변에 젓갈 가게들이 즐비하게 늘어서 있다. 현재 옹암리 마을 뒤편 야산에는 암반을 구불구불 파고 들어간 토굴을 새우젓 가게마다 보유하고 있다. 특히 6월에 생새우를 잡아 담그는 육젓은 살이 통통하고 껍질이 얇아 최고급으로 친다. 보관도 1년 이상으로 다른 새우젓보다 두 배 이상 길다.

겨울철에 더 각광받는 광천 새우젓은 토굴에서 1년여 동안 숙성시킨 뒤 이듬해 시장에 내어놓는다. 감칠맛이 뛰어나고 비타민 미네랄 같은 영양소가 농축된 발효식품이다.

63

부안 곰소항

곰소항

염전에서 소금을 만들고 비릿하게 풍겨오는 젓갈 냄새가 코를 자극하는 전북 부안의 곰소항은 비록 항구의 기능은 사라졌지만, 오히려 맛 좋고 싱싱한 젓갈 시장으로 유명하다.

곰소항은 일제 강점기에 만들어진 항구로 줄포항이 밀려든 토사로 수심이 낮아지자 이 지역에서 나는 각종 농수산물과 군수 물자 등을 일본으로 반출하기 위한 목적으로 제방을 축조하여 만든 항구였다. 그때부터 전북에서 군산에 이어 두 번째로 큰 항구가 되었다.

지금은 항구의 기능을 격포항으로 넘기고 항구 북쪽에 위치한 15만 평에 달하는 곰소염전과 젓갈로 명성을 이어가고 있다. 인근에 공장이 없어 갯벌이 깨끗하기 때문에 이곳에서 만들어진 소금은 품질이 우수하다. 이렇듯 좋은 품질의 천일염을 사용하여 만든 젓갈이라서 맛이 좋다.

무침 젓갈과 액젓이 주류를 이루는 것도 이 시장의 특징이다.

64

나주 영산포

예로부터 호남 곡창지대의 상징이자 교통 군사행정의 요충지로 자리 잡아 온 나주는 전국 4대 강의 하나인 영산강이 흐르는 풍요로운 곳으로 산수의 생김새가 한양과 흡사하다 하여 '작은 서울'로 불렸다. 나주 하면 우선 배가 떠오르지만 홍어와 젓갈의 집산지이기도 하다. 홍어는 흑산도 앞바다에서 잡히는 흑산 홍어를 최고로 치고, 삭힌 홍어요리는 영산포에서 숙성 발효시킨 것을 최고로 친다.

영산포는 과거 목포와 영암 등 서남해안에서 올라온 홍어와 젓갈을 내륙으로 공급하는 집산지로 성시를 이뤘지만 지난 1976년 영산강 하굿둑이 완공되면서 물길이 막혀 지금은 홍어와 젓갈 전문점이 명맥을 유지하고 있다.

나주의 토하젓은 우리나라의 청정한 하천이나 오염되지 않은 논도랑에서 서식하는 민물새우 중 새뱅이(또랑새우) 혹은 줄무늬새우

(보리새우)를 원료로 하여 담근 발효식품이다.

토하젓은 조선 시대에는 궁중 진상품으로 유명했다. 소화가 잘 되지 않을 때 토하젓을 먹으면 싹 낫는다고 하여 '소화젓'으로도 불렸다. 젓갈에서 흙맛이 배어나는 토하젓은 담백하면서도 뒷맛이 깔끔하여 보통 반찬으로 많이 먹으며 돼지고기 쌈을 먹을 때, 김을 싸 먹을 때 등 각종 음식과 어우러져 우리의 잃어버린 입맛을 찾아준다.

65

강화 외포리

강화 갯벌

　강화도 그중에서도 외포리는 젓갈로 유명하다. 특히 새우젓이 유명하다. 강화 새우젓은 조선 시대부터 이미 유명했는데, 강화 앞바다의 어장에서 주로 잡히는 새우젓은 선수동안젓이라고 하여 대명리 포구를 거쳐 서울의 관문인 마포나루에 이르면 가장 인기 있는 젓갈로 통했다고 한다.

강화 새우젓의 대부분은 추젓이 차지한다. 추젓은 토굴에 들어가지 않고 김장철까지 숙성되어 김치의 부재료로 사용된다. 새우 외에도 강화에서 나는 수산물은 많은데 그중 하나가 밴댕이다. 밴댕이는 인천이나 강화도 사람들이 옛날부터 즐기던 어종으로 5월 말에서 6월 중순이 제철이다. 이때쯤 외포리에 가면 그야말로 바다에서 갓 잡은 신선한 밴댕이회를 실컷 먹을 수 있다.

밴댕이는 회를 떠서 먹는 맛만 있는 것이 아니라 젓갈 담가 사시사철 우리의 식탁에 오른다.

66

인천 소래포구

소래포구

인천 소래포구의 새우젓 시장은 수도권에서는 연안부두 젓갈 시장과 더불어 가장 큰 시장이었다. 열차가 다니던 철로가 아직 남아있는 남쪽은 활어를 파는 가게며 횟집들이 몰려있고, 젓갈 가게

들은 북쪽 지역에 세 군데로 나뉘어 있다. 소래로 들어오는 젓갈 원료들은 소금에 버무려져 부평과 안양의 동굴로 옮겨진다. 1년 내내 굴 안의 온도는 13~14℃를 유지, 광천의 15~16℃에 비해 낮은 편이다.

안양 박달동에 있는 굴은 구리를 캐내던 폐광으로, 부평보다 규모가 서너 배 이상 크다. 이렇게 대형 굴에서 숙성된 젓갈들은 소비자들에게 팔리기 위해 소래포구로 이송되는데 요즘은 포구에도 최신식 설비를 갖춘 저온창고가 마련되어 방금 굴에서 꺼낸 것처럼 싱싱한 맛을 자랑한다.

PART

13

이런저런 젓갈 이야기

67

김치에는 젓갈

젓갈은 밥반찬, 술안주, 조미용으로 많이 사용되지만 역시 가장 많이 쓰이는 것은 김치를 담글 때이다. 우리가 보통 김치를 담글 때 사용하는 것으로 알고 있는 젓갈은 멸치젓, 새우젓, 갈치젓, 조기젓, 황석어젓 등이지만 김치를 담글 때 사용되는 젓갈이 47가지 정도로 다양하다.

젓갈을 김치에 넣을 때는 생젓갈이나 생젓국을 그대로 쓰기도 하고, 젓갈을 달여서 쓰기도 한다. 남부 지방으로 갈수록 생젓국을 쓰는 지역이 많은데 그것은 기온이 높은 지역일수록 김치의 숙성발효가 빨리 일어나기 때문이다. 생젓국으로 김치를 버무리면 맛도 좋을 뿐 아니라 김치의 붉은 색이 더욱 살아난다. 젓갈이 김치의 맛과 냄새를 더 좋게 할 뿐 아니라 김치의 영양가를 높여주기 때문이다.

특히 젓갈에는 일반성분인 수분이나 단백질, 핵산, 무기질, 지방산, 총아미노산 등의 특수성분이 들어있는데 이러한 성분 때문에 젓갈을 첨가한 김치가 더 맛이 좋고 보관도 오래 할 수 있다.

김치를 담을 때 사용하는 젓갈은 지역마다 다르다. 또 가정마다 특별한 젓갈을 이용하여 독특한 별미 김치를 담그기도 한다.

강원도 동해시, 충북 충주시에서는 꼴뚜기젓으로 김치를 담그고 충남 서천군과 전남 고흥군에서는 많이 생산되는 굴젓을 젓갈로 많이 쓰고 있다. 또한 강원도 일부 지역에서는 오징어 젓갈을 채 썰어 깍두기 담을 때 첨가하기도 한다. 부산과 경남 지역의 일부에서는 갈치속젓을 김치 담글 때 사용하기도 한다. 김치를 담글 때 남부 지역에서는 대부분이 멸치젓국을 사용하는 반면, 중부 지역은 새우젓으로 많이 담근다. 그밖에 강원도 속초와 강릉시 등지에서는 양미리젓을 무와 함께 썰어서 김치를 담그기도 한다. 그러나 김치를 담글 때 흔히 쓰이는 젓갈은 새우젓과 멸치젓이 가장 대표적이고 액젓류로는 까나리액젓을 많이 쓰는 추세다.

68

젓갈을 사용하지 않는 사찰 음식

사찰 김치는 채식을 하는 스님들이 수행하듯 정성스레 음식을 만들어 다양한 맛을 낸다. 사찰에서는 채식주의를 하는 특성상 김치의 주된 양념이 되는 오신채(우리나라 사찰에서 특별히 먹지 못하게 하는 다섯 가지 식물이다. 마늘, 파, 부추, 달래, 홍거인데 자극이 강하고 냄새가 많은 것이 특징)도 쓰지 않을 뿐만 아니라 젓갈도 넣지 않는다. 그 때문에 맛을 내기 위한 독특한 방법을 개발하여 써오고 있다. 양념으로는 오신채를 사용하지 않는 대신 소금, 생강, 고춧가루, 장을 사용하고 단맛은 감초나 과일로 낸다. 가을과 초겨울에는 찹쌀풀과 밀가루풀을, 겨울에는 늙은 호박죽을, 정월 이후에는 들깻물을 사용하기도 하며 이외에도 보리밥, 감자, 다시마 삶은 물이나 잣죽, 배즙, 무즙을 쓰기도 한다.

젓갈을 사용하지 않는 사찰 김치 맛의 비법은 된장에 있다. 된장은 스님들에게 중요한 단백질 공급원인 동시에 김장에서는 젓갈을 대신한다. 젓갈과는 달리 채소 고유의 담백한 맛을 즐길 수 있도록 도와준다. 젓갈을 대신하는 또 하나의 재료는 간장이다. 흔히 조선간장이라고 불리는 발효간장을 이용하여 젓갈의 맛을 보완한다. 이외에도 잣, 좁쌀, 찹쌀, 보리, 밤, 홍시 등 다양한 곡류와 과실류를 이용하여 다양한 맛을 내기도 한다. 사찰 김치는 젓갈을 사용하지 않아 일반 김치보다 담백한 맛을 내지만 구수한 맛은 덜하다.

제사 음식과 젓갈

옛날에는 젓갈을 제사 음식으로도 사용했다고 한다. 그 기록은 『사례편람』에서 찾아볼 수 있는데, 거기에서 기술된 제찬 중에는 젓갈이 들어 있었다. 그러한 전통이 완전히 사라진 건 아니어서 아직도 경상북도 울진군 후포면, 경상북도 영일군 구룡포읍, 부산 등 일부 지역에서는 젓갈이 제찬의 필수음식으로 올려지며, 전라남도 진도군, 고군면의 제상에는 젓갈은 올려지지 않으나 음복 때에는 제사음식과 젓갈을 함께 내놓는다고 한다. 제찬으로 쓰이는 젓갈은 조기젓, 밴댕이젓, 황석어젓, 숭어젓, 가자미젓 등인데 마늘이나 고춧가루 같은 향신료는 쓰지 않는다.

집에서 젓갈 담그기

젓갈에는 리신, 글루탐산, 글라이신, 알라닌, 루이신 등 필수 아미노산과 핵산이 풍부하기 때문에 감칠맛이 나며, 영양가 면에서도 훌륭한 식품으로 인정받고 있다. 이러한 젓갈을 집에서 준비한다면 입맛을 위해서나 건강을 위해서나 좋을 것이다. 요즘은 대부분 젓갈을 사서 먹지만 더욱더 맛깔스럽고 신선한 식탁을 위해 직접 담근다면 금상첨화일 것이다. 맛있는 젓갈을 담그기 위해선 다음과 같은 원칙을 우선 기억해야 한다.

적당한 농도를 유지한다. 소금의 양이 적으면 젓갈이 상하기 쉬우므로 원료의 특징과 계절, 숙성기간 등을 따져 간을 정확히 해야 한다.

신선한 원료를 선택한다. 각 젓갈의 원료가 되는 생선이나 내장 등을 선택할 땐 신선도부터 따져봐야 한다. 그래야 맛과 질이 우수한 젓갈을 탄생시킬 수 있다.

담근 젓갈을 저장할 때 그 저장온도를 항상 10~15℃로 유지해야 한다.

저장할 때 공기접촉이 없도록 유의해야 한다. 젓갈을 저장하는 그릇은 깊이가 깊고 윗면이 좁은 것으로, 특히 유약을 바르지 않은 항아리가 가장 좋다.

PART

14

젓갈 보관법

아무리 젓갈이 발효식품이라 해도 저장할 수 있는 기간이 있고, 아무리 냉장고라 해도 무한정 보관할 수 있는 것은 아니다. 냉장고에 있었으나 상한 것이라면 미련 없이 버리는 것이 좋다.

젓갈의 저장 장소는 10~15℃ 이하의 서늘한 곳이 좋다. 보관 용기는 공기접촉을 적게 하기 위해서 주둥이가 좁은 오지그릇이나 단지, 항아리가 좋으나, 해로운 유약을 쓴 것은 나쁘다. 또한 플라스틱 밀폐 용기도 오랫동안 보관하기에는 좋지 않다. 젓갈의 양이 적을 때에는 유리그릇에 보관하는 것이 좋다. 젓갈을 꺼내 먹을 때는 물기가 묻지 않은 숟가락이나 젓가락을 사용하도록 한다.

젓갈에서 발생할 수 있는 균은 일반적으로 비브리오균이다. 비브리오균이 인체에 침투하면 오한, 발열, 피로감, 근육통이 생기며 구토와 설사 증상을 동반하기도 한다. 또한 발병 후 36시간 이내에 대퇴부, 둔부, 다리 등에 붉은 반점이 생긴다. 시간이 경과함에 따라 수포, 괴저성궤양 등으로 사망에 이를 수도 있다. 비브리오 식중독은 바다 생선이나 어패류 등을 날로 먹은 뒤 나타난다. 비브리오균은 민물과 바닷물이 합쳐지는 곳에 많으며 이런 지역에서 잡은 어패류를 날로 먹으면 식중독에 걸릴 확률이 높다. 한 가지 주의할 점은 젓갈을 먹고도 식중독에 거릴 수 있다는 점이다. 비브리오균은 젓갈의 높은 농도에서도 오랫동안 살 수 있기 때문에 짭짤한 젓갈을 먹더라도 식중독에 걸릴 수 있다. 따라서 굴이나 조개, 게 등의 어패류로 젓갈을 담글 때는 시간이 지나면 재료의 신선도가 떨어져 식중독을 일으킬 수 있음으로 신선한 것을 택하는 것이 예방책이다.

PART

15

세계의 다양한 젓갈

71

이탈리아 젓갈, 앤초비

앤쵸비

　이탈리아에는 앤초비라는 젓갈이 있다. 지중해에서 주로 잡히는 멸치류의 생선을 소금에 절여 머리와 뼈를 제거하고 돌돌 말아 올리브유에 저장한 것이다. 이탈리아에서는 감자요리와 파스타 등에 사용한다. 피자 역시 앤초비에 잘 어울리는 음식이다. 담백한 빵에 감칠맛이 풍부한 멸치절임을 얹어 먹는 느낌의 나폴리타나는 짭조름한 앤초비를 좋아하는 매니아라면 꼭 맛봐야 할 요리이다.

앤초비의 짭조름한 맛이 배어있는 나폴리타나는 입맛이 없는 여름철에 차가운 맥주나 화이트와인을 곁들이면 잘 어울린다.

앤초비는 피자뿐만 아니라 샐러드에도 쓰이고 빵에 발라먹기도 한다. 토마토, 양파, 칠리, 케이퍼 등과 함께 앤초비를 넣어 만든 푸타네스카 소스는 매콤한 맛을 내 우리나라 사람들 입맛에도 잘 맞는다. 푸타네스카 스파게티는 이탈리아 사람들도 좋아하는 전형적인 가정요리 중 하나이다. 이처럼 다양한 용도로 쓰이는 앤초비는 이탈리아 음식에 필수재료로 사용된다.

베트남 느억맘(Nuoc mam), 맘똠

동남아시아에서 젓갈 음식문화가 발달한 나라에 들라면 베트남이다. 베트남에도 앤초비와 유사한 젓갈이 있다. 베트남 요리를 먹을 때 빼놓을 수 없는 느억맘(Nuoc mam)이라는 소스가 베트남의 젓갈이다. 느억맘은 우리나라 멸치액젓이나 까나리액젓과 비슷한 생선 젓갈이다. 생선에 소금을 넣고 발효시킨 후, 발효가 끝나면 생기는 윗부분의 맑은 물을 걸러낸 것이다. 느억맘의 냄새를 처음 맡아보면 우리의 액젓과 같은 느낌이 들 수도 있다. 베트남에서 느억맘은 다양한 용도로 쓰인다. 빵에 찍어 먹기도 하고 월남쌈에 넣는 양념장으로도 쓰인다. 또한 국물에 넣는 조미료로 쓰이기도 하고, 쌀국수와 튀김을 찍어 먹는 등 다양한 요리에 곁들인다.

맘똠은 베트남의 새우젓인데 팥물색에 특유의 향이 있다.

태국 남플라(Nam Pla), 가피

베트남에 느억맘이 있다면 태국에는 남플라(Nam Pla)라고 하는 생선 소스가 있다.

'남'은 물이고, '플라'는 생선으로, 생선이 삭으면서 내는 맛을 조미료로 활용하고 있다. 남플라 역시 우리나라 간장과 같이 거의 모든 음식에 간을 맞추는 조미료로 널리 쓰인다. 생선에 소금을 뿌려 삭힌 맑고 투명한 액젓인 남플라는 그 맛이 아주 독특하다. 처음에는 달콤하고 끝맛은 짠데, 먹고 난 후에도 은은하게 남는 깊은 맛을 느낄 수 있다.

태국의 새우젓인 가피는 새우나 보리새우를 으깨어 발효시킨 젓갈로 생김새는 우리나라의 된장과 비슷한 질감의 검붉은 색의 젓갈이다.

필리핀 바공

바공 알라망

바공은 필리핀에서 즐겨 먹는 새우나 생선으로 만든 필리핀식 젓갈이다.

보통 밥이나 면류에 얹어 먹는 바공은 작은 민물새우로 만드는 바공 알라망과 생선으로 만드는 바공 이스다가 있다. 민물새우로 만든 바공 알라망은 우리의 토하젓과 비슷하지만 밥이나 면의 위에 비빔장처럼 얹어 먹거나 인디언 망고 같은 과일에 찍어 먹는 점이 독특하다.

캄보디아 쁘라혹

쁘라혹

캄보디아에서 나오는 리엘(Riel)이라는 물고기로 담는 젓갈로 독특한 냄새와 맛이 특징이다.

캄보디아의 화폐 단위가 리엘인 것을 보면 캄보디아의 국민 생선임을 알 수 있다.

쁘라혹은 캄보디아의 거의 모든 음식에 들어가며 바나나 잎이나 다양한 잎에 싸서 구운 생선요리에 반드시 같이 곁들여지며 밥이나 국에도 함께 곁들여 먹는다.

캐비어

캐비어

일반적으로 철갑상어의 알을 염장한 것을 특정하여 캐비어라 알려졌지만, 사실은 가공하거나 염장 처리한 생선류의 알을 캐비어라 한다.

철갑상어의 알은 블랙 캐비어, 연어의 알은 레드 캐비어로 부른다. 카스피해가 세계에서 가장 품질이 좋은 블랙 캐비어의 산지로 알려져 있다.

스웨덴 수르스트뢰밍

수르스트뢰밍

    수르스트뢰밍은 '발효시킨 청어'라는 뜻 그대로 발트해의 청어를 발효시킨 스웨덴의 전통 음식이다. 막 산란기의 청어를 잡아서 약 2달간 발효시킨 뒤 가공해서 만든 음식이다.

    스웨덴 북부 지방을 대표하는 음식인 수르스트뢰밍은 16세기 이후 먹기 시작했다. 수르스트뢰밍은 발트해에서 잡은 청어에 염장 과정을 거친 뒤 수개월 동안 나무통에 밀봉한 뒤 통조림에 보관한다.

스웨덴에서는 매년 8월 셋째 주 목요일부터 9월 초순까지를 '수르스트뢰밍 데이'로 명명해 이 기간에 많은 수르스트뢰밍이 소비되고 있다. 수르스트뢰밍은 생으로도 먹지만, 보통 얇은 빵의 일종인 툰브뢰드(Tunnbröd) 위에 감자와 양파 등을 얹어 함께 먹는다.

PROFILE

1호 젓갈 소믈리에
푸드 & 컬처 컨설턴트
(사)한국음식관광협회 14대 49호 조리명인
중앙대 불문학과 졸업
숙명여자대학교 한국음식연구원
푸드스타일리스트 (입문, 심화과정)
푸드 & 컬처 아카데미 푸드 스타일링
(테이블 세팅 및 쿠킹 과정)
한국 전통 음식연구소 (떡, 한과)
농업회사법인 주식회사 루시드 키친 대표
(푸드 & 컬처 컨설팅, 교육)
(사)한국음식관광협회 이사
(사)한국카빙데코레이션협회 이사
경상북도 일자리위원회 위원 (문화관광, 외식)
경상북도 농식품유통혁신위원회 위원
광주광역시 교육청 협력 교육기관
경기 교육청 협력기관
미국 실리콘밸리 한인상공회의소 자문위원

국제 중재 실무회 세미나, 다수의 대사관과 경제 및 문화 관
련 프로젝트 진행 (한중문화예술교류협회 등) / 레스토랑,
카페 컨설팅 (한정식 경복궁, 서경도락, 프렌차이즈 맛자랑,
수지갈비 등 다수의 외식업체 컨설팅) / 2018 라스베가스
엑스포 한국관 한식 부문 대표 / 2019 ICT Beauty Health
EXPO경상북도 문경시 대표로 참가 / (가주한미식품상협회
MOU체결, MSBK U.S.A. MOU체결) / 제19회 한국국제요
리경연대회 주니어 라이브 경연대회 심사위원 / 경기도 친환
경급식 업체 - ㈜현농 협업 / 시그나 사회공헌재단 한식 재
능기부 / 아시아 아프리카 난민교육 후원회 홍보대사 / 광
주광역시 광주대표음식 컨설팅 (주먹밥) / 문경시 농업기술
센터 협업 오미자제품 미국, 홍콩 수출 (문경미소, 이젠하우
스) / 젓갈류 식품안전 확보를 위한 전문가 자문 (중앙대학
교 식품공학부-최창순 교수) / 포항 젓갈 컨설팅 / 루시드키
친 자체 브랜드 '강지영 김치' 미국, 일본, 중국, 인도네시아,
말레이시아 홈쇼핑 수출 / 강지영 김치 FDA,HALAL 인증 /
2021년 6월 강지영 김치 신제품 출시 '강지영 갓김치', '강지
영 채식김치', '강지영 김치톡톡'

MEDIA

AWARDS

제19회 한국국제요리경연대회 떡, 한과 부문 농림부 장관상 /
제15회 서울인터내셔널 푸드 & 테이블웨어 카빙 전시 개인 부
문 금상 / 2018 서울푸드페스티벌 (TV조선 주최) 카빙 전시
금상 / 2018 한류문화대상 요리부문 대상 / 2018 대한민국
미래경영대상 음식부문 수상 / 2018 코리아헤럴드 경제대상
음식부문 대상 / 2019 한국 국제요리경연대회 한국김치 전시
부문 대통령상 / 2019 ICT Beauty Health EXPO국제 F&B
대상 / COUNTY OF ORANGE 감사패 (MICHELLE STEEL
PARK)

우먼센스, 리빙센스, 쿠켄, 레몬트리, 베스트베이비 등 다
수 잡지 촬영 / VJ특공대(홈파티플래너), KBS2 여자생활백
서 출연 / SBS미디어 필진, (사)한국능률협회컨설팅 CHIEF
EXECUTIVE 필진 (푸드 테라피) / 경기도민일보, 이태원뉴스,
미주한국일보, 푸드조선, 뉴스 트러스트 등 요리 칼럼 연재 /
SBS 요리조리 맛있는 수업 4회 출연(김치 편) / JTBC 다큐
플러스 젓갈 소믈리에 / EBS 아주 각별한 기행 - 강지영의 젓
갈 이야기 / EBS 한국을 담다 - 젓갈 기행

CAREER

이태원뉴스 국제 F&B위원 / 요리칼럼, 레스토랑 소개영상
촬영 / BMW미니, 렉서스 등 행사 스타일링 & 케이터링 / 미
래에셋증권, 신한증권, 대우증권 등 금융업 케이터링 / 카
톨릭 성모병원, 분당 서울대병원 등 병원 세미나 케이터링 /
다수 갤러리 오픈 행사, Chanel, Louis Vuitton VIP 초청행
사 스타일링 & 케이터링 / P2P 법학회, 한국사내변호사회,